透視水滸傳
打造黃金TEAM

馬洪濤｜編著

◆總序◆

跟四大名著學管理

陳致中

嚴格意義上講，在一九五四年彼得・杜拉克（Peter F. Drucker）的名著《管理的實踐》（The Practice of Management）問世之前，世界上並沒有「管理學」這門學科。然而，縱觀人類自有文明以來數千年的歷史，「管理」的影子無處不在，金字塔、萬里長城、古希臘的神廟、巴比倫的空中花園、英格蘭的巨石陣……這些古代的人類「奇蹟」無一不是千萬人共同努力數十年甚至上百年的成果（有考古證據表明，英格蘭巨石陣的建造，前後花費了數百年之久）。如果從管理就是「集結眾人之力共同完成工作」的觀點而言，人類的文明史事實上就是一部管理史。北京大學光華管理學院前院長張維迎曾說：「管理沒有新問題，只是問題的表現形式不同而已……從古至今，凡是有人的地方就有組織，有組織的地方就有管理。」因此，如果說人類歷史當中自古就蘊含著無所不在的管理思想，這點並不令人訝異。

說到管理思想，管理史學家摩根・威策爾（Morgen Witzel）曾經考證過，「管理」（management）一詞大約起源於十六世紀晚期的英國，也就是莎士比亞的時代。

然而事實上，撇開用詞的差異，古代中外各類典籍著作中，卻並不乏古代人類在管理方面的真知灼見。例如舊約聖經《出埃及記》中，摩西的岳父曾對摩西說：「你應當從百姓中挑選出能幹的人，封他們爲千夫長、百夫長、五十夫長和十夫長，讓他們審理百姓的各種案件。凡是大事呈報到你這裡，所有的小事由他們去裁決，這樣他們會替你分擔許多容易處理的瑣事。」這已經包含了現代管理思想中極爲重要的「授權」和「例外管理」思想。又如古希臘哲人亞里斯多德在《政治學》一書中，也論及過許多和現代意義上的公共行政及企業管理有關的思想，如「勞動者的注意力專注於工作，而不是分散於工作時，各種工作便可做得更好。」、「每一辦公室都應當具有特定職能」、「整體當然高於部分」、「未曾學會服從者，不可能成爲好指揮官」等。

歷久彌新的資源

作爲四大文明古國之一的中國，歷代哲人名士們自然也少不了與現代管理思想相通的真知灼見。例如春秋時代的孫子就被譽爲「世界第一位戰略學大師」，《孫子兵法》也被許多中國、日本、韓國乃至於西方企業奉爲聖經，《孫子兵法・虛實篇》當中的「兵無常勢，水無常形。能因敵變化而取勝者，謂之神。」可以說是對今天管理學思想當中「權變觀點」的最佳詮釋。另一方面，影響中國人最深的儒家思想文化當中，也包含著許多與現代人力資源管理、領導力、組織行爲學等學科相通的思想，如《荀子・君道》：「故明主有私人以金石珠玉，無私人以官職事業。」、《論語・子路》中，子曰：「先有司，赦小過，舉賢才。」等，乃至於司馬光在《資治通鑑》中所言「才德全盡謂之聖人，才德兼亡謂之愚人，德勝才謂之君子，才勝德謂之小人。」均與現代的人才管理、授權管理和誠信管理等觀念不謀而合。

二十世紀以來，在兩岸三地以及日、韓等受中國文化影響深遠的國家，已經有不少著作探討過傳統中國典籍與現代管理的關聯，如日本軍人出身的企業家大橋武夫就著有《用兵法經營》一書，將《孫子兵法》運用到實際的企業管理當中，並取得了傲人的成果。又如臺灣管理學者曾仕強將國學與管理學加以結合，所著的《中國管理哲學》、《儒家管理哲學》、《易經的奧秘》等，在中國大陸企業界頗受好評。另一位臺灣學者傅佩榮同樣從國學入手，將《易經》、《道德經》和《論語》等典籍中的思想，與現代社會生活、個人發展和企業管理加以結合，成爲極受歡迎的演講嘉賓和企業培訓顧問……

然而，若要說起在華人社會當中的影響力，只怕任何典籍都無法跟「四大名著」相比。問問身邊任何一個人，恐怕大多數人都不曾認真讀過《孫子兵法》或《易經》，對於《論語》也只剩下學生時代模糊不清的印象；然而同樣地，恐怕只有極少人沒看過《水滸傳》、《三國演義》、《西遊記》和《紅樓夢》，林沖夜奔、草船借箭、火燒連環船、大鬧天宮、黛玉葬花、劉姥姥遊大觀園……這些經典的場景、故事、人物，早已融入到我們的記憶當中，成爲我們文化基因的一部分。

四大名著的案例

那麼，四大名著當中，是否也存在著管理的智慧呢？這是不需要懷疑的，管理大師杜拉克說：「管理不僅是企業管理，而且是所有社會機構的基本器官和功能」。從這個角度來看，《三國演義》中的三國、《水滸傳》中的水泊梁山、《西遊記》中唐僧與徒弟們組成的「團隊」，乃至於《紅樓夢》中的賈府，都可以視爲不同形式的組織，而有組織的地方，就需要管理。套一句通俗點的話：「有人的地方就有江湖。」四大名著爲我們鋪陳出了四個時代、四個精彩絕倫的「江湖」，有謀略、有詭計、有鬥爭、有情誼，有波瀾壯闊的爭霸征戰，也有細膩無比的人物和情感刻畫。在情節鋪陳的字裡行間，在四個有血有肉的「江湖」當中，可以說隱藏著無數的管理思想和經驗。

這就是策劃和出版「跟四大名著學管理」這套書的意義所在。這套書的主要特點在於：從中國人最爲熟悉的「四大名著」入手，將我們耳熟能詳的人物、場景和故事情節，與管理學理論與實踐加以結合。三國就是三家龐大無比的「公司」，梁山泊一

○八條好漢就是一百零八位各具特色的「高管」，唐僧師徒就是一支目標明確、人員精實的專案「團隊」，而紅樓夢中的大觀園，就是一個複雜詭譎的「職場」……這些故事你都聽過，這些場景你都記憶猶新，但將它們和現代企業管理知識結合起來，保證讓人耳目一新。

管理學知識脈絡清晰，理論完整而富有新意。和一些穿鑿附會、似是而非的「從××看管理」書籍不同，這套書的作者均具有良好的管理學理論素養，概念陳述清晰，與案例的結合相當合理，並且涵蓋了許多最新的管理學理論知識。例如《透視「三國演義」做個聰明CEO》一書中，從CEO的視角出發，探討了創業管理、決策學、授權、人力資源管理、組織行爲與人員激勵、領導權威，乃至於接班人培養等議題，可以說企業管理者在管理工作中會碰到的問題，在這本書中幾乎都有涉獵。又如《透視「水滸傳」打造黃金TEAM》一書中論及宋江的領導智慧，其中的「領導者的六P特質」和「管理者向領導者的轉變」等章節內容，均和現代最新的「轉換型領導理論」和「魅力型領導理論」等有共通之處。這套書理論結構完整，既有最基礎的管理知識，也有最新的理論前沿，與案例結合緊密，從實踐中來，到實踐中去，深入淺出地讓讀者從通俗易懂的故事中，領略現代管理思想的魅力。

管理學思想的魅力

杜拉克曾說：「管理是一種實踐，其本質不在於『知』而在於『行』；其驗證不在於邏輯，而在於成果；其唯一權威就是成就。」換句話說，沒有和實際經驗及案例結合的管理理論，只能是蒼白而無力的。好在「跟四大名著學管理」這套書恰好做到了「知行合一」，每一個章節都有具體的案例佐證，每一個理論觀點都和書中具體的人物、情節和場景加以結合，從宋江見武松、周瑜見魯肅看「雪中送炭」與人情關係；從唐僧的取經「團隊」看人員搭配和磨合；從《紅樓夢》的賈母看理想CEO的授權、用人和無爲而治……當讀者帶著管理學的理論觀點，重新浸淫到這些早已熟悉的故事情節當中時，不知不覺間，讀者的管理學素養就悄然建立起來了。

「跟四大名著學管理」是一套富有趣味性和實用性的管理學讀物，無論是初次接觸管理的人、已經學習過管理學知識的人，還是已然在從事管理工作的經理人員，都值得一讀。當那些我們耳熟能詳的場景和故事被一一與管理學思想聯繫起來，當CEO、高管、經理人、員工這些職位，和劉備、諸葛亮、唐僧、宋江、賈母……這些鮮活無比的人物形象結合在一起時，讀者不僅會覺得輕鬆有趣，更能夠在不知不覺間，領略到管理學思想的魅力與價值。

目錄
contents

contents目錄

第四章　梁山的企業文化建設——願景是最有效果的激勵

contents 目錄

第五章　從管理者到領導者——水泊梁山的三任CEO

[第一章]

一個「庸才」當領導的秘訣——宋江的人脈學

宋江「身材黑矮，貌拙才疏，文不能安邦，武不能服眾，手無縛雞之力，身無寸箭之功」，加之家境一般，官位低下，竟然贏得了「山東及時雨」的美名，令天下英雄人人敬仰，見面即喊「大哥」，「推金山，倒玉柱，納頭便拜」，不僅風光一時，還名垂青史。

那麼，一個「庸才」怎樣才能當上「領導」並勝任愉快？

答案就在「送（宋）、公、明」三字中。

一個「送」字，為宋江贏得眾多英雄好漢的推崇，贏得了部下的信任，也道出了宋江高人一籌的領導藝術。

在現代企業管理中，這個「送」可以理解為付出。至於如何送，如何把人情送到位，就靠「公、明」兩字了。

送——巧用計謀，人情要送到心裡去

通觀《水滸傳》，讀者會發現，無論是做過一官半職的，還是草莽英雄，或是文人雅士，宋江交往起來都可以說是得心應手、如魚得水。

這說明了什麼呢？宋江也許在武藝上、外形上是個「庸才」，但他卻是梁山好漢中「EQ」最高的人，他之所以能夠坐上頭把交椅，完全是擅長人際交往的結果。

放在今天來說，宋江深諳「人脈」之道，而這也是作爲一個領導者不可缺少的基礎能力。

一、初見武松：雪中「送」炭，勝過錦上添花

初見武松，顯示了宋江明顯高於柴進的交際能力。讀者有沒有注意到，其實宋江與武松初次見面，無非是說了一些普通的安慰話而已，但是爲什麼武松就覺得遇到了知己呢？

很簡單，因爲當時的武松正處於落難時期。

話說宋江因為殺了閻婆惜，被官府追殺，逃到了柴進府。哪成想，一進門就撞到了正在烤火的武松，並且踢翻了他烤火的火爐。此時的武松也是苦悶無比，在柴進莊上大吃大喝了一年，因為性格不合遭到冷落，正愁無處發洩，於是一把抓住宋江要拳腳相加，恰好柴進及時制止了。

本來是一次不愉快的碰面，宋江非但沒有不高興，反而邀他一起入席。在瞭解了武松的遭遇後真情撫慰，又送衣服又送錢，分別之時送出十里開外，依依惜別結拜爲兄弟，用柔情深深打動了武松這個鐵漢。

實際上，這是宋江作爲一個領導者的基本素質和技巧：掌握送人情的訣竅。因爲他知道，人的一生不可能總是一帆風順，難免會碰到失利受挫或面臨困境的情況，這時候最需要的就是別人的幫助，這種雪中送炭般的幫助會讓人記憶一生。

每個人活在這個世上，都不可能不有求於人，也不可能沒有助人之時。當你打算幫助別人的時候，請記住一條規則：救人一定要救急。

其中的道理很簡單：如果他人有求於你了，這說明他正等待著有人來相助，如果你已經應允了，那就必須及時相助。一旦你答應幫助他人，他心存感激之餘當然會把希望完全寄託在你的身上，如果你最後幫得不及時或者沒有去幫，只能適得其反，遭到怨恨。

在三國爭霸之前，周瑜並不得意。他曾在袁術部下為官，被袁術任命做過一回小小的居巢長，一個小縣的縣令罷了。

這時候，地方上發生了饑荒，年成既壞，兵亂間又損失很多，糧食問題就日漸嚴峻起來。居巢的百姓沒有糧食吃，就吃樹皮、草根，很多人被活活餓死，軍隊也餓得失去了戰鬥力。周瑜作為地方的父母官，看到這悲慘情形急得心慌意亂，卻不知如何是好。

有人給他獻計，說附近有個樂善好施的財主叫魯肅，他家素來富裕，想必一定囤積了不少糧食，不如去向他借。於是周瑜帶上人馬登門拜訪魯肅，寒暄完畢，周瑜就開門見山地說：「不瞞老兄，小弟此次造訪，是想借點糧食。」

魯肅一看周瑜丰神俊朗，顯而易見是個才子，日後必成大器，頓時產生了愛才之心，他根本不在乎周瑜現在只是個小小的居巢長，哈哈大笑說：「此乃區區小事，我答應就是。」

魯肅親自帶著周瑜去查看糧倉，這時，魯家存有兩倉糧食，各三千斛，魯肅痛快地說：「也別提什麼借不借的，我把其中一倉送給你好了。」周瑜及其手下一聽他如此慷慨大方，都愣住了。要知道，在如此饑荒之年，糧食就是生命啊！周瑜被魯肅的言行深深感動了，兩人當下就交上了朋友。

後來周瑜發達了，真的像魯肅想的那樣當上了將軍，他牢記魯肅的恩德，將他推薦給了孫權，魯肅終於得到了幹事業的機會。

魯肅在周瑜最需要糧食的時候送給了他一倉，這就是所謂的雪中送炭。

在生活中，很多人總是在別人不是很需要的時候拉上一把，以錦上添花。但往往沒想到，其實，錦上添花不如雪中送炭。當他人口乾舌燥之時，你奉上的一杯清水勝過九天甘露。如果大雨過後，天氣放晴，再送他人雨傘，這已沒有絲毫意義了；如果人家喝醉了，再給人敬酒，這未免太過於虛情假意了。我們在幫助別人時一定要注意這些。

「患難之交才是真朋友」，這話大家都不陌生。

漢代有一個人叫荀巨伯，有一次去探望朋友，正逢朋友臥病在床，恰好敵軍攻破城池，燒殺擄掠，百姓紛紛攜妻挈子，四散逃難。朋友勸荀巨伯：「我病得很重，走不動，活不了幾天了，你自己趕快逃命去吧！」

荀巨伯卻不肯走，他說：「你把我看成什麼人了？我遠道趕來，就是為了來看你，現在，敵軍進城，你又病著，我怎麼能扔下你不管呢？」說著便轉身給朋友熬藥去了。

朋友百般苦求，叫他快走，荀巨伯卻端藥倒水安慰說：「你就安心養病吧，不要管我，天塌下來我替你頂著！」

這時「砰」的一聲，門被踢開了，幾個凶神惡煞般的士兵衝進來，衝著他喝道：「你是什麼人，如此大膽，全城人都跑光了，你為什麼不跑？」

荀巨伯指著躺在床上的朋友說：「我的朋友病得很重，我不能丟下他獨自逃命。」並正氣凜然地說，「請你們別驚嚇了我的朋友，有事找我好了。即使要我替朋友而死，我也絕不皺眉頭！」

敵軍聽到荀巨伯的慷慨言語，看看荀巨伯的無畏態度，很是感動，說：「想不到這裡的人如此高尚，我們怎麼好意思傷害他們呢，走吧！」說著，立時撤走了。

患難時體現出的正義能產生如此巨大的威力，說來不能不令人驚嘆。

德皇威廉一世在第一次世界大戰結束時，算得上是全世界最可憐的一個人，許多人對他恨之入骨，可謂眾叛親離。他只好逃到荷蘭去保命，可是在這時候，有個小男孩寫了一封簡短但真情流露的信，表達他對德皇的敬仰。這個小男孩在信中說，不管別人怎麼想，他將永遠尊敬他為皇帝。德皇深深地為這封信所感動，於是邀請他到皇宮來。這個小男孩接受了邀請，由他母親帶著一同前往，他的母親後來嫁給了德皇。

在現代職場上也是如此，有時候不用很費力地幫別人一把，別人也會牢記在心，投之木瓜，報以瓊琚。

小于在某企業擔任打字工作，一天中午，一位董事走進辦公室，向辦公室裡的職員們問道：「上午拜託你們打的那個文件在哪裡？」可是當時正值吃午飯時間，誰也不知道那個文件擱在那裡，因此誰也沒有理睬他。

這時，小于對他說：「這個文件的事我雖然不知道，但是，先生，這件事交給我去辦吧，我會儘早送到您的辦公室的。」當小于把打好的文件送給董事時，董事非常高興。

幾周之後，小于高興地向她的同事宣佈：她升遷了。顯然，小于的熱心和辦事俐落獲得了董事的讚賞，董事在董事會上對她大力推薦。

我們總會在現實生活中遇到一些困難，遇到一些自己解決不了的事情，這時候，如果能得到別人的幫助，我們將會永遠地銘記在心，感激不盡，甚至終生不忘。瀕臨餓死時送一根蘿蔔和富貴時送一座金山，就其內心感受來說是完全不一樣的。

我們要做的，不是在別人富有時送他一座金山，而是在他落難時，送他一杯水、一碗麵、一盆火。雪中送炭，才能顯示出人性的偉大，才能顯示友誼的深厚。

二、擒獲以後讓座請罪——放下身段，「送」給對方足夠的面子

宋江善於設身處地為對方著想，常常放下身段，給對方足夠的面子。在擒獲了秦明、關勝、呼延灼、盧俊義等人後，都是讓座請罪。中國人最講究面子，被俘之後，必須要有個臺階才好下來。另外，對朝廷大臣宿元景、陳宗善、高俅等人，宋江不但禮儀周到，而且分別時還有金銀財寶相送。

人際關係的一個特點是，你給足對方面子，對方就會百倍地還你面子。

常言道：「人有臉，樹有皮。」這句看似簡單古老的言語，卻蘊涵著人性的特點：愛面子。的確，每個人都愛面子，因此在你拼命維護自己的面子時，千萬不要忽略了別人的面子。因為面子也像物理學中的力一樣，是相互的，只有給別人留足面

子，反過來才能給自己創造出面子。

馬斯洛在其需求層次理論中提到，「人有被尊重的需求與自我價值實現的需求」。什麼是尊重？給他人留面子無疑屬於尊重的一種。什麼是自我價值的實現？一個不給人留面子的人，也就是不懂得尊重別人的人。這樣的人在得不到別人的尊重時，便會失去自我的價值。生活中這樣的例子比比皆是。

在一次生產會議上，一位公司的產品品質總監，曾就某個材料的品質問題，當著會議上的眾人厲聲質問一位質檢員。這本來並不是非常嚴重的事情，但是他的語調以及態度帶有很強的攻擊性，言辭也極為苛刻。事實上，這位總監的意思，只是想提醒質檢員在工作中要更為認真和嚴肅。

這名質檢員在公司中是出了名的好脾氣，但是這次為了使自己不致在同事、主管、下屬面前失面子，竟然和這名總監吵了起來。兩個人在會議上鬧得很僵，最後事情在尷尬中不了了之。

在這次事件之後，這名老實的質檢員在以後的工作中經常表現得不積極，並且在兩個月後離開，去了另外一家同質公司。據說他在那裡是一名非常稱職的質檢員。

給對方留面子是一門藝術，更是一門學問，很多人之所以會在他人面前丟面子，是因爲他們沒有給對方留面子。就像職場中的品質總監，他不僅在下屬面前顏面盡失，而且還失去了一名好員工。儘管他的初衷是好的，但是這種有損他人面子的行爲，卻給自己以及公司帶來了無法預料的損失。

現實生活當中，這種人與人之間相互留面子的現象，也可以用心理學上的互惠原則來解釋。從心理學上講，如果你在某種場合給對方留足面子，對方的心理會產生一種負債感，這種負債感會讓其內心產生壓力，進而想方設法地通過同一方式或者其他方式還給對方，以減輕內心的這種負債壓力。

心理學專家曾對此作了一個恰當的比喻。他們認爲這就如同借錢一樣，在對方急切需要錢的時候，你將錢借給了對方，雖然是對方主動向你借錢，並且你非常願意地將錢借給了對方，但是對方的心理還是會產生負債感，並會想辦法儘快將錢還給你，有時甚至帶著利息還給你。

人就是這樣奇怪的動物，可以吃暗地裡的虧，但就是不能吃面子的虧，所以要想有效地影響他人，就要善於從對方的角度考慮問題，給對方留足面子。這樣當你做事情的時候，對方才會給你留面子，並盡力地做你讓他做的事情。

在人際關係中，如果你想有效地影響他人，讓別人幫你說好話、辦事情，就要學會尊重對方，給面子無疑是尊重對方的重要表現。

法國著名作家安東安娜・德・聖蘇荷伊曾在他的作品中寫過：「我沒有任何權利

去做或說任何事來貶低一個人的自尊，重要的不是我覺得他怎麼樣，而是他覺得他自己該如何。傷害人的自尊是一種罪過，這也包括不給人留面子。」

大家可以發現，除了給面子，宋江還很擅長用「面子」來打圓場。

當楊雄、石秀來投奔梁山時，宋江又一次展示了遠超晁蓋的交際手腕。晁蓋當下要將他二人砍頭，原因在於「這廝兩個把梁山泊好漢的名目去偷雞吃，因此連累我等受辱。」宋江等人都覺得不妥，這樣不是斷了江湖好漢們投奔梁山的路嗎？當然處理起來也要顧及晁蓋的顏面，於是，宋江鼓動三寸不爛之舌，說得大家都心悅誠服。

而對待李逵，宋江也表現出了高於戴宗的交際水準。一是慷慨拿出十兩銀子給李逵，知道他賭錢輸了也不在乎；二是李逵直呼「黑宋江」，並要求大碗喝酒被戴宗呵斥，宋江都順應了李逵的要求，使得兩人的關係迅速升溫。

所以，生活中給對方留面子是一種互助的行爲，如果你招致多數人的反感時，你覺得自己還可以說服他人、影響他人，進而讓他人接受你的意見或者觀點嗎？答案顯然是否定的。

做一個社交成功的人士，最明智的選擇是時時給別人留點面子，事事預留點分寸。你在給他人留面子的同時，也爲自己鋪就了一條通向成功的陽光大道。

三、所謂「及時雨」——出現在最關鍵的地方，給人最需要的東西

宋江給有功之臣送官職、送金錢、送榮譽，符合需求動機理論、馬斯洛的需求層次理論和阿爾德佛的需求ERG理論。作爲人，必然有需求，需求是工作的動機，動機是激勵的源頭，不同的人需求也是不一樣的。

不管是馬斯洛的生理需求、安全需求、社交需求、尊重需求和自我實現需求五類逐步提升的需求，還是阿爾德佛的生存（E）、社會關係（R）和成長（G）三個各自獨立的需求，宋江都很好地把握了人的這一特性，恰如其分地根據不同人的不同需求，「送」出了不同的人情。比如：

關勝是名人後代，他要名，宋江就給排名靠前；王英要美色，他就給美女；李逵要義，就給他關懷。更典型的是對待武松，宋江不是先送錢，而是給武松送了幾身好衣服，也就是送去了溫暖。第二步，才給了武松生活費。第三步，也是武松最喜歡的，就是在各種社交場合、各種聚會都帶著他。先是給了武松形象包裝，其次給了武松生活費，再後來處處幫他揚名，所以武松很是感動。

所謂「及時雨」，就是久旱的甘霖、雪中的炭火，能在最關鍵的時候出現在最關鍵的地方，給人最需要的東西，當然，這個東西不一定要貴重。因此你要知道別人心之所想，才能投其所好；你要懂得百般變化、萬種計謀，這其中的奧妙之深，深不可測。

現代生活也是如此，我們所處的社會是個大舞臺，每個人所扮演的角色都各不相同，複雜而又多變。你只有善於與不同性格的人交往，才能在人際關係中如魚得水，在社會中佔有一席之地。而如何摸透每個人的秉性，採取恰當的方式與其相交相處，是一門高深的學問。因此瞭解和掌握與不同習性的人交際的技巧是非常重要的。

與死板的人相處之道

死板的人往往是我行我素，對人冷若冰霜。儘管你客客氣氣地與他寒暄、打招呼，他也總是愛理不理，不會做出你所期待的反應。一般說來，死板的人興趣和愛好比較少，也不太愛和別人溝通，但他們還是有自己追求和關心的事。

所以，你在與這類人打交道時，不僅不能冷淡，反而應該花些工夫仔細觀察，注意他們的一舉一動，從他們的言行中尋找出他們真正感興趣的事。一旦觸及到他們所熱心的話題，對方很可能馬上會一改往常那種死板的表情，而換之表現出相當大的熱情。

與傲慢無禮的人相處之道

傲慢無禮的人往往自視清高、目中無人，表現出一副「唯我獨尊」的樣子。與他們打交道，實在是一件令人無法忍受的事情。可是，爲了你自身利益的需要，又不得不與這種人接觸，這該怎麼對付呢？

最適合的方法有三種：

首先，盡可能地減少與其交往的時間。在能夠充分表達自己的意見和態度或某些要求的情況下，儘量減少他能夠表現自己傲慢無禮的機會。這樣，對方往往也會由於缺乏這樣的機會而不得不認真思考你所提出的問題。

其次，說話要簡潔明瞭。盡可能用最少的話清楚地表達你的要求與問題，讓對方感到你是一個很乾脆的人，是一個很少有討價還價餘地的人，因而會約束自己的架子。

最後，你還可以邀請這種人去跳舞，去KTV唱歌，聊聊家常，等等。一旦對方在你面前表現出其生活的本色之後，在以後的交往中，他便很難再對你傲慢無禮了。

與少言寡語的人相處之道

通常會把少言寡語的人稱爲「悶葫蘆」，和這種人在一起，總會感到沉悶和壓力。特別是對於一些性格比較外向、活潑的人，更是覺得難受。因而在這種情況下，有些人爲了活絡氣氛，便故意找些話題來說。其實這是沒有必要的。因爲，對於沉默寡言的人來說，之所以這樣，可能是他們有某種心事而不願多言。在這種情況下，你應該尊重對方，不要去破壞對方的心境，讓其保持自己內心選擇的生存方式；相反，你如果故意地沒話找話，並拼命地想方設法與對方交談，只會適得其反，引起對方的反感。

與自私自利的人相處之道

儘管自私自利的人心目中只有自己，特別注重個人利益的得失，但是，他們也往往會因利而忘我地工作。你對他們不必有太高的期望，也沒有必要期望他們能夠像朋友那樣以情爲重。與這類人的交往，可以僅僅是一種交換關係，按付出給回報，幹得好壞不同，獲得的利益也會不一樣。

與爭強好勝的人相處之道

爭強好勝的人往往狂妄自大，自我炫耀，自我表現的欲望非常強烈。他們總是力求證明自己比別人強，比別人正確。當遇到競爭對手時，他們總是想方設法地排擠人，不擇手段地打擊人，力求在各方面占上風。對這樣的人，你不能一味地遷就，而有必要在適當的時候，以適當的方式打擊一下他的傲氣，使他知道人外有人，天外有天。

與狂妄自大的人相處之道

狂妄的人實際上並沒有多少學問，往往是自吹自擂，誇誇其談，他們所表現的高傲、不屑一顧等神態，實際上是一種心靈空虛的補充劑，以維持其虛榮心。與這些人相處的方式實際上很簡單。剛開始與他們交往似乎覺得他們視野開闊，天南地北，無所不曉，好一副居高臨下的樣子，但只要就某一問題深入地與之探討，他便會露出馬腳，一旦露了馬腳，他自然也就威風掃地了。總之，與這類人初次相處，可以用你的常識將之「震」住，如果做到了這一點，往後的交往便會順利了。

「公」——一個公字擺平一百零七位好漢

宋江根據功勞大小確定獎勵標準，然後稱金分銀，根據梁山的生存要求確定工作重要性，然後排定座次（如時遷、白勝這種偷雞摸狗的英雄，只能排名最後）。

論功行賞不論年齡、不論出身、不論派系，把大家都視作兄弟。看來，宋江也是諳熟亞當斯的公平激勵理論的高手，他清楚地知道兄弟們會互相比較，還會和以前比較，所以他用一個「公」字擺平了一百零七位英雄好漢。

一、在企業中，領導者的公平只是「規則的公平」

在企業管理中，「公平」時時被人提起、處處被人強調、人人爲之呼籲，同時又把它向外擴散，甚至時時刻刻充斥著我們生活的各方面。

就「公平」一詞而言，從字面上考量，「公」即爲大眾；「平」包括平均、平等、平衡等，也就是沒有差距的意思，歸納起來，就是讓大家都感覺到沒有差距或差別。

在企業管理中，所謂的「公平」，一方面是指結果的公平，也就是指員工的回報均等。試問「回報均等」這個前提在企業管理中成立嗎？假如這個前提成立的話，那麼人人都可以做老闆、做高級主管，就不用做體力活了。

問題是，這個前提根本就不成立，爲什麼呢？首先，資源是有限的，人的欲望是在不斷膨脹的，兩者之間是一對不可調和的矛盾。其次，從個人層面上講，因爲人與人之間有年齡上、性格上、知識結構上、能力上和觀念上的差異，從而創造的勞動價值就會有差異。一個企業如果做多做少一個樣、做與不做一個樣、做好做壞一個樣的話，管理就會進入激勵陷阱，企業就成了埋葬強者的墳墓、培育弱者的樂園。這樣的企業有可能在浪費資源的同時，既對不起員工，也對不起社會。

另一方面是流程的公平、工作評價的公平、機會的公平等，歸納起來就是規則的公平。在這一背景下，不管你是久經沙場的老手還是初出茅廬的後生，不管你是皇親國戚還是草根百姓，都能在企業爲自己搭建的舞臺上獲得愉快的心境、找到自身的價值、演繹精彩的人生；在這一背景下，它可以使後進者出局或前進、觀望者變得優秀、優秀者更加卓越。它的結果可能不顯公平，但能在工作中調動每一個人的主觀能動性，讓每一個人在激情中找到自己的空間。同樣，企業也不會再爲業績的低下而困惑、團隊的散漫而無奈、員工的報怨而苦惱。

所以，從這樣一個角度講，在企業管理中，規則的公平既是有效管理的前提，也是激勵員工的有效手段之一。

雖說梁山好漢一百零八將，但是這一百零八人中，真是魚龍混雜。有像林沖、楊志這樣被官府陷害逼上梁山的英雄豪傑，也有像柴進、盧俊義這樣出身官宦的富家子弟，但也不乏殺人放火的潑皮無賴、雞鳴狗盜的三教九流。宋江接手的梁山，已經經歷了王倫、晁蓋兩代首領，各種派系盤根錯節，那他是如何管理的呢？

宋江的這個領導班子，一把手是宋江自己，二把手是「玉麒麟」盧俊義，三把手是「智多星」吳用，四把手是「入雲龍」公孫勝，五把手是大刀關勝，六把手是「豹子頭」林沖。在這六人中，宋江首先肯定自己當一把手是沒有問題了。

宋江讓盧俊義當二把手有三個原因。首先，盧俊義盧員外，他是什麼人？河北首富，梁山這些人裡面，會搞經營的人並不多，盧俊義是一個會搞經營的人。其次，盧俊義是前任領導者指定的接班人。第三，盧俊義武功很高。由於他具備這三個條件，所以讓盧俊義位列次席。

排在第三位的智多星吳用，他有大家都稀少的資源。大家都打打殺殺，就他有謀略。吳用在梁山的發展過程中起了關鍵性的作用，所以吳用排在第三。

第四就很有意思了，公孫勝是一個道人，搞法術的。宋江為什麼要讓搞法術的人排第四呢？這就是宋江的謀略了。

在梁山好漢排座次之前，梁山出了一個傳奇的事情：南天門開了，從天上掉下一團火，掉到了後山。然後大家就挖，挖出塊石碑，石碑上寫著誰誰誰排第幾，宋公明排第一，所以這叫什麼？受命於天。

古代有些農民起義，經常會借助這種宗教力量，就是要讓所有的人相信，這是天意所為。所以在梁山的團隊當中，一定要有一個懂宗教、懂神秘事件，能給大家解釋天意的人，這非公孫勝莫屬。公孫勝身上有幾個優勢：首先他能解讀天意；其次他是梁山原始股發起團隊的創業者，確實有獨特的地方，能用些法術。由於這些原因，把公孫勝排在了第四。

在給梁山好漢排座次時，宋江首先看資歷，第二看名氣，第三看核心能力，第四看貢獻，第五看跟自己的關係。他是在這種綜合大排名當中考慮這些人的，而不是完全論功來排名的。

通過以上分析，我們就有了一個清晰的認識：在現有的市場經濟條件下，在企業管理中，不管是企業還是個人，所追求和強調的公平只能是規則的公平，而不是「絕對」的公平。

辨證看待宋江的「公」字，我們可以得出下面幾點忠告。

忠告一：不要尋求絕對的公平

人與人出生時辰不一樣，成長經歷不一樣，學歷不一樣，家庭背景不一樣，思維方式不一樣，工作方式不一樣，工作崗位不一樣，所在企業行業不一樣，企業所處的時期不一樣……這麼多的不一樣，卻爲何要求實現所謂的公平？

在企業中切記不要尋求絕對的公平，你能力比別人強升職卻比別人慢，你業績比別人好獎金卻比別人少，你死心踏地地給公司賣命，但公司給你的支援或資源卻比那些油嘴滑舌的人少，我想這種情況很多人在企業中都會碰到。

世界每天都在變化，企業也是如此，公平只是瞬間出現的一個現象而已，它沒有必然性。當「公平」降臨到你的頭上時，可能「不公平」就會降臨到別人頭上，明明是偶然性，你卻把它當作必然，你自然覺得不公平了。

在企業中，當你的感情受挫時，你的情商就會增加。當企業給你資源極少的情況下，你卻能創造出非凡的業績時已經證明了你的一切，職位獎金不是你證明自己需要的唯一結果，他們只是你職業生涯中某一時間段的一部分。當有了這種動力，一切的不公平只是你生活中的一些小插曲，換種角度，極有可能成爲值得你回味的一道道風景線。

忠告二：能力不等於職位，但是你的能力必須大於你的職位

一談到能力，可能很多人狹隘地理解爲執行力，其實能力包含的內容很豐富，如計畫力、執行力、控制力、總結力、學習力等。

俗話說「不想當將軍的士兵不是好士兵」，但好士兵卻不一定能當好將軍。有些人在原來的崗位上工作幹得很出色，但一受到提拔後，工作就一團糟了，時間一長就會出現三苦：「老闆苦、自己苦、員工苦」。老闆想，怎麼會這樣呢，是我看錯人了麼？自己也想，爲什麼不是我想得那樣呢？屬下想，怎麼他一升官後變成這樣了？所以說，能力不等於職位，能力與職位要相配，每個職位對人的要求也不一樣。武位文不能坐，文位武不能坐，有些職位需要文武雙全，唯文唯武均不行。可能看到這兒你就明白了，單一的能力不等於職位，但你的能力必須大於你的職位。

忠告三：能力不等於你的薪水，但是你的能力必須大於你的薪水

雖然現代社會提倡「多勞多得，少勞少得，不勞不得」，但企業要做到論功行賞仍然很難，企業中有些人覺得自己能力強，爲啥薪水拿得比別人少，有些時候自己多勞了卻未多得。最近研究證明，賺錢多的人不一定是幹活多的人，也不一定是能力強的人，而是那些財商高的人。

薪水的構成，一般由基本工資加績效獎金加企業福利模式居多。企業宣導「業

績比努力更重要」，目前基本上都是以成敗論英雄。能力不等於業績，能力不等於薪水，原因主要有行業屬性、市場環境因素、產品運作過程中的突發因素等。金融行業、個性服務行業待遇一般較高，而一般服務行業、低科技的製造行業待遇就很差；企業是置身於一個大環境中的，受市場環境因素的影響，在全球金融風暴中，企業都無可避免地遭受不同程度的負面影響與損失；產品品質出現問題，是企業所處行業出現危機的原因，整個行業遭受重創，個別品牌全軍覆沒等。受以上諸多因素的影響，就會出現能力不等於薪水的情況，你得打起十二分的精神保持清醒，使你的能力必須大於你的薪水，因為當這些危機出現時，薪水不會像你想像的那樣再漲，而是要大大縮水，而那些能力小於薪水的人，極有可能成為企業首批降薪或淘汰的人，而能力大於薪水的人卻能安然無恙。

二、管理藝術的「公」字——結果導向，用實力打破梁山的評價規則

宋江上山前，晁天王管理較為粗放，義字當頭，導致吃大鍋飯現象嚴重。宋江上山後，首先肯定了「八方共域，異姓一家」的前提條件，籠絡了人心，同時又間接否

定了按資歷排位的舊規矩，當他帶著一幫人馬上山之際，即語出驚人：「休分功勞高下，梁山泊一行舊頭領，去左邊主位上坐。新到頭領，到右邊客位上坐。待日後出力多寡，那時另外定奪。」

也就是說，不管以前功勞、資歷如何，以前的排名統統不算，以後按照功勞，重新考核，再評定座次。他自己帶頭回應「結果導向」原則，所以在每次打城頭之際——鬧華山、取關勝、打曾頭市，都是自告奮勇，親臨一線，且取得了不斐的業績，這種爭功勁頭為各位好漢樹立了一個標桿，連久居首位的晁蓋也因此感到壓力，誓要親自參戰立功。

宋江用實力打破了梁山的評價規則，爲自己後來坐上頭把交椅奠定了基礎，這個「結果導向」讓人不得不服。

當今社會，絕大多數企業都是以績論功，以功論酬，不關注過程，只在乎結果，誰能爲企業帶來效益，誰就是英雄。

對於現代企業來說，看重結果，是企業生存的目的所在。如果你是老闆，難道你不喜歡能爲你帶來效益的員工，而非要眷顧低頭做事沒有結果的人嗎？

聯想集團的核心理念之一，就是「不惟學歷重能力，不惟資歷重業績」。這個理念，是在公司成立半年後提出的。當時，聯想剛剛創業，大家都有為工作拼命的幹勁和熱情，但光有幹勁和熱情，並不能保證財富的增加和事業的成功。公司資金並不多，如果沒用好，出了問題，就有可能夭折、破產。所以，公司不再強調服從、勤奮、忙碌，而是強調貨真價實的績效，強調解決真正的問題。正是在這種理念的感召下，僅僅十二年，這家由幾個知識分子組成的公司就成長為知名的大企業。

美國汽車業巨擘福特，也是一個效率的宣導者。他被譽為「把美國帶到流水線上的人」，是一個酷愛效率的天才，他對績效、結果的高標準要求，早已在業內傳為美談。他總是對手下們說：「工作一定要有更高的結果，工作一定要有更高的效率。」

海爾集團管理法總結起來可以用五句話概括：總賬不漏項、事事有人管、人人都有事、管事憑效率、管人憑考核。肯定功勞，不認苦勞，更不認疲勞。在海爾，「無功便是過」。海爾有一個定額淘汰制度，就是在一定的時間和範圍內，必須有百分之幾的人員被淘汰。

有一個很簡單的例子：在二十世紀九0年代中期，各類繪圖軟體開始被應用於建築、設計等企業。年輕人很快接受了這一新興事物，並且運用到工作中，特別是在繪圖計算方面，這類軟體更是有著獨特的優勢。

有一位老工程師，因循守舊，手工繪圖計算特別在行，並且他也習慣了手工繪製圖樣，結果他廢寢忘食、沒日沒夜地用了一個星期的時間，繪製出來一份某建築大廈的內部構造設計圖。但是老闆不但不表揚他，反倒批評他，為什麼?因為新來的年輕人只花了半天的時間，就利用繪圖軟體把它給繪製出來了。

同樣一份工作，同樣一個結果，一個人用了一個星期，一個人才用了半天，相比之下，我們更看重哪一個呢?由此可見，「沒有功勞，也有苦勞」的評價標準早已經成爲過去式，在沒有功勞的時候，強調苦勞毫無意義。苦勞只是一個被動的、循序漸進的過程，而功勞才是業績的主動的、具體的表現。試想，一個公司的全體員工都非常勤奮，非常敬業，但企業產品最終銷售不出去，無從贏利，企業將如何生存?所以，功勞比苦勞更有含金量，老闆也更重視有傑出績效的員工。

趕快把苦勞轉化爲功勞吧，這才是職場聰明人的做法。記得：要吃櫻桃就要先栽樹。要想有功，就需要在工作的每一個階段，能找出更有效率、更經濟的方法。在工作的每一個層面，找到提升自己工作業績的重點。

首先是積極改進。很多人由於對工作不太熟悉，只是一味地盲目服從老闆的命令。真正優秀的員工不會這樣做，他們從不把老闆的指令當做「聖旨」。比如，他們接到一項明確的任務，如果在老闆的指令之外，還有另外一條更好的途徑可走，他們會主動請示老闆，尋求積極改進。他們會運用他們的推理和說服力，動之以情，曉之以理，闡述自己的看法，讓老闆相信：工作未按自己所想的進行，但會用一種更好的方法完成。

其次是主動請願。老闆有時會被公司事務纏得焦頭爛額，甚至手足無措，優秀的員工能夠審時度勢，並且在適當的時機主動站出來，爲老闆解憂。特別是在公司事務一籌莫展，老闆迫切需要幫助的時候，他們不會像膽小者那樣袖手旁觀，而是積極挺身而出，危難時刻施予援手。

還要學會主動跟隨。不是要你緊跟老闆步伐，緊隨其後，而是要你緊跟公司的目標，以此爲參照，給自己制訂富有挑戰性的績效目標，在公司的目標不斷提高的同時，你自身的目標也跟著不斷地提高。在跟隨的時候，還要注意回過頭來，定期做下自我反省、自我檢查。因爲工作中經常會出現這樣的情況，一直忙碌卻忘了目標，等發覺時卻已接近最後期限，時間沒有了，目標自然就無法達成了。爲了保證目標的達成，同時能夠自我完善，每天記錄自己的成績並重申目標非常必要，只有這樣才能保持持續強勁的戰鬥力。

三、平衡梁山派系，避免小團體主義

《水滸傳》中的一百零八將都是來自各個「山頭」，比如孫二娘夫婦就是自己開店，還有孔明、孔亮這樣的兄弟檔，更重要的是有大的派系，那就是宋江派和晁蓋派，雖然因晁蓋的突然離世，顯性的派系不見了，但是隱性的派系還是存在的。

宋江式管理的高明之處，就是消除了這種小團體主義，樹立起統一的價值觀「替天行道」，去做大梁山的事業。

在現代管理中，這種小團體主義也是非常可怕的，比如空降了一個副總，如果他要帶自己的人，這樣新人和舊人就形成了激烈的矛盾，最後損失的是企業本身。

那麼如何避免小團體主義呢？

首先，引導一個小團體發揮積極作用的最好的方式，不是「消滅」這個團體，而是能夠更好地融入這個團體，用你的意識去影響這個團體。

作爲領導者的你，可以試著採用一種更加開放的心態，去加入他們，發現他們的共同之處，比如大家是否對某一類技術問題感興趣，可以作爲一個研究的小組，亦或是否有共同的興趣愛好，可以利用業餘時間聚會等。這種方式大至一個共同的主題活動，小至一個共同感興趣的話題，都可以在平常的工作中進行。

要從以下幾個方面做起：

1.下屬是你的合作者

企業是由大家組合而成的，企業的所有者、管理者與員工，大家應該是平等的，在工作上只是扮演的角色不同而已，離開誰都難以成事。因此，下屬是我們的工作夥件，我們應以「同事」來稱呼他們，這不僅僅是稱謂的問題，更重要的是尊重的問題。

2.隨時肯定下屬的成績

下屬在工作中，偶爾會出一些小問題，如果採取嚴厲責備的態度，就會造成雙方的對立，員工從心理上受了委屈，對立的情緒就很難消除，在今後的工作中就有了排斥情緒。對下屬沒有了起碼的尊重，你和他們的關係就只有命令和無奈的接受，充滿火藥味的工作關係遲早會爆發危機。

3.給下屬自己的時間

在許多公司裡，大家下班後都不願很快離開，有些人即使下班後沒有事做也要在辦公室裡多留一會兒，表現出一種以公司爲家的樣子，是和老闆的喜好有關。

老闆總是希望員工們加班（因為老闆就是這樣），希望員工晚上帶工作回家做，甚至希望員工能將工作視爲生命的重心。是的，身爲管理者當然要以身作則，樹立典範，但是不要忘了，以身作則並不代表要以此暗示員工，要求他們做到你所「示範」的每一項事務。大部分員工都希望享受工作，有高度的工作效率及貢獻，能力受到肯定，得到應得的薪水；而下班之後，他們希望可以暫時忘掉工作，享受家庭的溫馨，與三五好友聊天，參與某些活動，他們不希望一天廿四小時，時時掛念著工作。

我們應該尊重員工這種人性的需求，在下班後要求員工盡可能避免工作上的事項。員工自然不會找藉口拖延時間，也會在你爲他們創造的寬鬆的環境中儘快完成工作，提高效率。

4.尊重個別的差異和不同

在我們的工作場所，總是充滿形形色色的人，即有各種背景的人、有各種性格的人、有不同生活經驗的人，我們要尊重個別的差異和不同，並要找出共同點。一個好的企業文化是能夠包容不同個性，塑造共同價值觀的。人人生而不同，但對工作都會有獨特的貢獻，切不可只用一種人，用一種方法來做事。

身爲管理者的你，要學習用不同的方式管理不同的人。要承認人的最大特點是人與人之間存在差異，克服自己的偏見，這樣才能使公司更和諧，也更具效率。

其次，如果這種「溝通」沒有效果的話，那就需要找到小團體成員的差異，分化瓦解。

針對能夠融入整體企業氛圍並從專業技能角度對部門發展有利的成員，保留並給予正確的引導。對那些態度上不認同整體，又對企業和部門發展沒有積極作用的成員，予以請退，避免不好的影響進一步惡化。

管理大師羅伯特曾經說過：「沒有不合適的員工，只有不合適的安排。」這句話就說明了在團隊當中，那些所謂破壞團結的人並不個個都是害群之馬，有時候他們恰恰是不錯的員工，只是沒有適得其位，或者未盡其才。因此，每一種情況都應該區別對待，並且公正處理。

在這裡，我們列舉了一下各種員工的類型及應對策略：

1.「天才型」員工

這一類表面看上去是害群之馬的員工往往胸藏機杼，工作遊刃有餘，他們是因爲工作當中缺乏新的挑戰而感到失望。因此，對於這一類員工，管理者應該讓他們參加特殊的項目，甚至是做團隊領導，讓他們加快輪換職位，這樣能夠使得他們對於工作產生新的挑戰。

2.「沉默寡言型」員工

這一類員工在工作上沒有問題，能夠應付大部分的工作任務，但是他們不會在團體會議上分享觀念，也不會加入團體項目。因此，管理者們對於這一類員工，應該讓他們與那些更加積極自信的同事合作，或者不斷地給予他們要求更高的工作，逐漸改變他們的行爲。

3.「工會代表型」員工

這一類員工往往會覺得，自己要堅持原則和管理階層抗爭，並且把這當做是自己的職責所在，因爲勞資關係是一項永遠的鬥爭。對於這一類員工，管理者們應該讓整個團體當場處理他們對於現實與理想之間的抱怨，與他們直接商談業務等問題。

**4.「大材小用型」員工

這一類員工往往是沒有盡其才，或者相對其工作來說培訓過多。管理者們對於這一類員工，應該直接聽取他們關於增加職責的建議，委派他們擔任領導的角色。

5.「不堪重任型」員工

這一類員工或許是技能太差，或許是缺少培訓，不怎麼勝任工作。進一步培訓要麼不可行，要麼是無濟於事。對於這一類員工，管理者們應該將他們與那些「大材小用」型的員工搭配，安排給他們做得來的工作，調整在隊伍中的位置或者考慮將其辭退。

總而言之，對於想要建立一支幸福團隊的管理者來說，應該給員工一個合適的位置，這樣才能夠使團隊發揮出最大的效力。

世界上沒有兩片完全相同的樹葉，人一生中不可能兩次踏進同一條河流，任何事物之間都有差異。同樣，在企業裡，每一個員工都有自己的個性、特長和工作方法，主管只有讓每個員工發揮其長，才能各盡其能。

明——政策公開，行事透明

政策公開、行事透明是宋江的原則，事必開會是宋江的作風。會上討論一切梁山事務（反正每年沒幾件大事，也沒有競爭的壓力），會上共同決定一切事務，兄弟們怎不把他當知心大哥呀。

員工激勵裡有一招叫：提高員工參與度。參與度高，員工才會有主人翁精神，才會愛「山」如家。

一、「明瞭」的價值觀——我們不再是聚義的草莽，而是忠義的英雄

宋江將聚義廳改為忠義堂，明白地傳達給兄弟們一個訊息：我們不再是聚義的草莽，而是忠義的英雄。「忠義」成為梁山驕傲的核心理念，並指導著他們的日常行為和思想。

首先是「忠和義」的榮辱觀。梁山團隊的每一個成員，都具有強烈的榮辱觀，晁蓋之所以要斬剛上山的楊雄、石秀，是因為他們的偷雞行為玷污了梁山的名聲！李逵聽到宋江、柴進搶了劉太公的女兒，無法容忍這種敗壞梁山聲譽的行為發生，不僅怒砍杏黃大旗，並立下軍令狀，和宋江賭上項上人頭，差點送了小命。

可見，在梁山好漢們的心裡，把梁山的名譽看得比自己的生命還重！類似於現代「廠興我榮、廠衰我恥」的宣傳口號一樣，對梁山團隊的興衰，梁山好漢們有著正確的榮辱觀。

其次是「忠和義」的使命感。在宋江的激勵下，梁山團隊的中遠期目標就是「替天行道、保國安民」！當招安成為現實時，好漢們心中那股為國家建功立業的豪情也就慢慢地按捺不住了。一聽說遼兵犯境，群情激昂地要求出征，一聽說皇帝恩准他們可以去征討遼國了，一個個歡天喜地像過年似地慶祝。

梁山的一百零八將，之所以被稱為好漢，除了武藝高以外，更重要的是他們骨子裡還有「國家興亡、匹夫有責」的強烈使命感。當他們拖著疲憊的身軀征方臘時，已經預感到征途凶險，預感到兄弟們可能會遭遇殺身之禍，他們仍然義無反顧地踏上南征的征途。

其實，每個組織，無論是兩個人的企業，還是擁有數十萬員工的跨國集團，都有一套價值觀和原則，它們決定什麼行爲可以接受，什麼行爲不可以接受。

美國一家調研公司曾作過調查，表現出色的公司，往往都有一套清楚的企業價值觀（或稱信念）；在公司財務方面，那些把財務目標定得非常明確的公司，通常不如那些把財務目標定得不夠明確，但注重共同信念和崇高目標的公司。

這項調查說明，隨著時代的發展，出色企業的經營模式已從單純的逐利行爲發展到價值追求行爲，這裡所謂的價值已經超出了物質利益的狹小範圍，擴展到社會價值、精神價值的廣義範疇。

但在現代企業建設中，中小企業價值觀還存在著如下誤區：

誤區之一：核心價值觀缺失

中小企業規模小，成立時間短，人員少，企業管理水準普遍較低，經常處於不規範經營狀態。管理者一般認爲，我們是小企業，生存是關鍵，談不上企業文化建設的問題，更不必建立什麼核心價值觀體系。

古語有云：皮之不存，毛將焉附。沒有企業價值觀，哪兒來的企業精神？還有一些企業自認爲建立了自己的價值觀，而實際上對價值觀的概念還沒有理解。

核心價值觀缺失造成企業經營過程中弊端叢生，小到員工行爲中的拖遝、散漫、得過且過，大到企業行爲中的製假販假、見利忘義。

誤區之二：價值觀偏執

價值觀偏執也就是少數人的價值觀無法達成共用價值觀，諸如信奉宗教、強制全員接受老闆個人價值觀等等。企業管理中對於共用價值觀作用的強調，導致了企業中企業家的價值觀和企業共用價值觀的混淆，企業價值觀推進活動的結果常常是極不理想的。只有企業中老闆、管理人員與基層員工發自內心的志同道合，才會形成共同價值觀，但中小企業的老闆往往用命令的方式把價值觀強加給員工，在把印有公司價值觀的T恤和水杯發給員工後，就覺得價值觀的推進已經完事了。這種強加到員工身上的價值觀，即使在某一階段起到一定作用，最終也將因不能得到大多數員工的認同而失去其存在的價值。

誤區之三：價值觀僵化

保守僵化也是阻礙企業基業常青的價值觀建設的誤區之一。

企業如何使自身更加適應市場？如何保持持續增長的勢頭？麥肯錫提出了利用創造性破壞這一管理創新的手段來激發企業的活力，即在不喪失對現有營運進行有效控制的同時，將創造性破壞提高到與市場相同的水準。這是一個好的想法，可是執行起來卻很困難。一般說來，由同一位企業家一手培養起來的企業，往往會形成一種僵化的價值觀，這種僵化將成爲企業對內對外適應性的強大阻礙。中小企業能否衝破這種障礙，實現質的飛躍，將是具有革命意義的一步。

許多企業從創建之日起，就一直採取一成不變的價值觀以及以此爲指導的戰略與策略，對變化的恐懼阻礙其改變自己的經營模式，包括憑經驗行事的決策機制、控制流程以及決策所使用的資訊在內的整體企業文化，都使得企業固步自封，最終以慘敗告終。相反，致力於創新、發展的企業，不僅擁有強有力的領導者，而且非常清楚隨著時代與環境的變化而不斷進行變革與創新對於公司的意義。

誤區之四：價值觀錯誤

對於一些處於發展期的中小企業來說，利潤成爲企業唯一的、終極的目標，全然失去最基本的社會責任感與道德良知。事實上，企業過於以利潤爲導向，忽視企業的社會責任感和道德，遲早會受到良心的譴責與法律的制裁，最終造成企業破產、工人失業、社會資源的浪費。

不可否認，企業作爲營利性組織，持續、穩定、增長的利潤是它得以存活的經濟保障。但是在追求利潤的過程中，不能違背做人的基本準則，不能喪失對「真、善、美」的追求，要堅持實事求是的態度，要保持正直的道德操守。

誤區之五：行為偏離價值觀

我們在諮詢工作中經常可以接觸到這樣的企業：有詳細的員工行爲規範手冊，甚至細化到了員工舉手投足間的每一個動作，卻無法產生精神層面在企業行爲和員工行爲上的有效反映。事實上，很多企業的員工行爲都從根本上忽略了企業價值觀的存在和作用，有時員工行爲甚至會嚴重偏離企業所宣導的價值觀。

企業的所有行爲都要真正體現企業價值觀，否則就是「魂不附體」。必須要將企業價值觀變成員工的一種自覺行爲，融入與員工息息相關的每一個行爲體系中去，才能實現從心的一致到行的一致，實現理念與行爲的統一，最終爲企業與社會創造更多價值。

誤區之六：價值觀不成體系

價值觀是企業生存和發展的內動力，以價值觀爲核心的企業文化滲透並影響著企業管理、經營和人際關係等所有層面。價值觀無法形成體系，直接造成價值觀「虛化」，管理者和員工對之既愛又恨，都知道價值觀對企業戰略目標的實現有強大的推動力，可是卻在那裡乾著急，使不上勁，沒有實際的行動。

由於價值觀不能形成體系，而且缺乏經過整合的推進系統，進而導致企業文化不能轉化爲企業的管理行爲。許多企業在文化建設上隨意性很大，企業文化手冊可以變來變去，核心價值觀也變來變去，彷彿粉飾文字成了企業文化建設的核心。

誤區之七：價值觀虛化和虛華

絕大多數企業價值觀宣言表面充斥豪言壯語，竭盡完美之詞：誠信、團隊精神、責任、效率、服務以及創新等等，這些都是良好的品質，但這樣的術語不能成爲指導員工行動的明確綱領，因而也就毫無實效可言，或者根本就是自欺欺人。這樣的價值觀的破壞力極大，可以使員工變得玩世不恭、士氣低落、疏遠客戶，並削弱管理層的可信度。

企業在價值觀詞條（如誠信、創新）確認以後，領導者要對核心價值觀做出詳盡的解釋，讓大家清楚企業所宣導的價值取向是什麼，即群體應當遵守的基本價值標準、大家判斷事物和行爲的是非標準是什麼；應當崇尚什麼，反對什麼；大家到企業來要爲群體奉獻什麼；企業爲社會和員工提供什麼；企業的使命願景是什麼；爲達成目標所採用的實現手段是什麼；員工在企業中的角色是什麼，他們應遵守的基本行爲準則是什麼；企業與股東和競爭者的關係、繼承與創新的關係，等等，這些都應當是價值觀的內容。

誤區之八：戰略先於價值觀

是先有戰略還是先有價值觀？這是管理理論家與實業界一直爭論的問題。在很多企業家與企業高層領導的思想裡，總認爲企業的戰略先於價值觀。

企業價值觀的取向關係著企業戰略的品質。對於企業價值觀的認同是否一致，關係企業的發展與提升，因此說，企業價值觀是戰略的根本所在。企業組織制定戰略以後，就需要全體成員積極有效地貫徹實施。價值觀正是激發人們的熱情，統一群體成員意志的重要手段。企業的文化影響企業的戰略決策，企業價值觀是企業領導者和全體員工對企業的生產經營活動和企業人的行爲是否有價值及價值大小的總看法和根本觀點。企業價值觀指引企業前進的方向，並提供評價工作好壞的標準。

二、「明晰」的歸屬感——梁山是個大家庭

歸屬感是一種心理因素，是員工心理上、感情上、思想上對組織的一種依賴，是組織對成員具有強大凝聚力和成員對組織具有強大向心力的綜合體現。

歸屬激勵是一種自我激勵，是一種較高層次的激勵，對梁山一百零八個好漢來

說，其實就是一種「家」的歸屬。

一百零八將視梁山為自己的家，一百零八將每一次出征都是為家而打仗。為自己家出力，會惜力嗎？為自己家出征，會退縮嗎？為自己家出戰，會怯戰嗎？答案當然是「不會」。這就是梁山這個大家庭的歸屬激勵的強大作用。

梁山的歸屬激勵源於梁山是個大家庭。梁山這個「家」的具體體現主要有以下四點：

一是**管理家長制**。

國有君、家有主，一個家的最大特徵，就是要有一個作主之人、主事之人，家庭管理的最大特徵就是家長制管理。梁山之所以說是一個大家庭，首先就是梁山有一個強有力的、說話有分量的、能把梁山這個家庭發揚光大的「家長」。

梁山首任頭領王倫，是一個不合格的家長。在他管理下的梁山，別說和三大寇齊名，甚至連少華山的史進那一幫人都比不上。晁蓋因為林沖的大公無私做了梁山的第二任家長，卻守成有餘，開拓不足。梁山事業裹足不前，除了劫法場救宋江之外，基本上都是小偷小摸，沒有什麼大的征戰，對梁山的管理至多是鬆散式管理，根本沒把梁山當成家庭。

而宋江接班以後，把梁山當作大家庭，實施家長制管理。晁蓋當首領時，好漢們只有排名，沒有分工，宋江當首領時，更多的是人員分工，誰住東寨、誰住西寨、誰管錢糧、誰管開店……一切安排得井井有條，那幫桀驁的莽夫們對他這個「大家長」的安排也是服服貼貼的。

二是**言必稱兄弟**。

梁山的好漢們，互相之間都是以兄弟相稱，全沒有虛偽的等級、職務、官銜等稱謂。偶爾稱個職務什麼的，也是約定俗成的稱呼，比如林教頭、柴大官人。除了這些以外，都互稱兄弟，哪怕是叔侄、主僕，都管宋江叫大哥，不分什麼等級的。

什麼叫家？家就是要有一個氛圍，坦誠說話的氛圍、無所顧忌說話的氛圍，你見過一家人說話假客套、說假話的情況嗎？言必稱兄弟，說話無顧忌，這就是梁山大家庭的氛圍。

三是**財產權共用**。

一個家，所有財產都是所有家庭成員的，而不是你的、我的。說「親兄弟明算賬」，那是指兄弟分家、各立門戶。兄弟如果沒分家，那還要明算賬幹嘛呢？

之所以說晁蓋管理的梁山不像個家，就是在財產權方面，不是共用的。在晁蓋管理梁山的期間，所有打劫來的財物，都是一分為二，一份眾頭領平分，另一份小嘍囉平分。這種財產權清楚的梁山，不像個家，倒像個「股份公司」。宋江主政梁山後，改變了這種格局，所有財物大家共有，並專門派柴進、李應兩個重量級頭領管錢糧，派神算子蔣敬當財務主管。哪個兄弟要用錢，到財務主管那兒領就是了。因為財產權共用，梁山就像個家。梁山兄弟要做事，是量梁山這個家的財力而做，而不是量自己的財力來做的。梁山兄弟們為了自己的家去做事，還需要什麼其他的激勵措施嗎？

四是**佳節慶團圓**。

每逢重大節日，特別是舊曆春節，那些遠在外地的遊子們，爲了一張回家的車票，把火車站都擠破了。這就是「家」的魅力，是「家」的吸引力。

梁山這個「大家庭」，當然也喜歡這個民俗。大家平時開店的開店、做事的做事，但一逢重大節日，比如重陽節、春節什麼的，都要大擺筵席，慶祝全家團圓。一擺筵席，就把那些在山下開店的兄弟們都叫回來，一齊開懷暢飲。遇有新的好漢上山，為了慶祝家庭又添加新成員，也是要大擺筵席的，並且要擺好幾天。因為筵席要經常擺，就安排了宋清專門負責這事。這就是家的感覺。

因為梁山是一個「家」，每一個好漢都是家庭成員，他們下山搶劫，是為了增加家的財力。當官軍來打梁山，就相當於外人來搶你家東西、滅你的家人，當然要拼了命去打仗啊。目的就是一個：保家護家。為了「家」而出力流汗，還要什麼東西激勵嗎？為了「家」，就是最好的激勵動力。

要讓員工把公司當作家，領導者首先要做好「家長」的責任。

第一，**關懷要源自心底**

在把公司看作大家庭的日本，老闆很重視員工的婚姻大事。例如，日立公司內就設立了一個專門為員工架設「鵲橋」的「婚姻介紹所」。一個新員工進入公司，可以把自己的學歷、愛好、家庭背景、身高、體重等資料輸入「鵲橋」電腦網路。當某名員工遞上求偶申請書，他（她）便有權調閱電腦檔案，申請者往往利用休息日坐在沙發上慢慢地、仔細地翻閱這些檔案，直到找到滿意的對象為止。一旦他（她）被選中，聯繫人會將挑選方的一切資料寄給被選方，被選方如果同意見面，公司就安排雙方約會，約會後，雙方都必須向聯繫人報告對對方的看法。

日立公司人力資源部門的管理人員說：由於日本人工作緊張，職員很少有時間尋找合適的生活伴侶。我們很樂意幫他們這個忙，這樣做還能起到穩定員工、增強企業凝聚力的作用。

現在的員工都很辛苦，壓力也越來越大，工作強度和難度也在增大，他們需要得到理解和關懷，尤其是希望主管能夠理解，能知道他們的不容易。員工過生日時，你有沒有送去一個祝福？員工生病時有沒有去問候和探望？員工的家裡有難處和困境時，有沒有表示過慰問？員工是否有生活煩惱，你是否提出你的意見和幫助？這些生活的點滴，雖然與管理無關，但要讓員工用心工作，就要用心關愛你的員工，關心他的工作、生活，甚至是情感。

領導者對下屬的關心之情應該發自內心，這是領導者人格魅力的集中體現。只有關心下屬，愛才會產生。

第二，**要創造關愛員工的團隊氛圍**

美國著名的管理學家湯瑪斯・彼得斯曾大聲疾呼：一邊歧視和貶低你的員工，一邊又期待他們去關心產量和不斷提高產品品質，無異於白日做夢！每個員工都需要企業給予他們關愛，從企業的溫暖中提升自我的幸福程度。

善於關愛員工的企業最能鼓舞員工的士氣，適時地給員工以誇獎和讚美，在員工取得成績時應向員工公開地、及時地表示感謝，並組織一些聯歡活動讓員工分享成功的喜悅。

在豐田集團，高層管理者大力提倡社團活動，促進人與人之間的交流。豐田對社團活動所寄予的另一個莫大期望，是培養管理者能力。因為不管社團的規模大小，要管理下去就需要計畫能力、宣傳能力、管理能力、組織能力等等。

另外，整個豐田企業的活動也很多，運動大會、長距離接力賽、游泳大會等，每月總要舉行某種活動。在這些活動中，總經理、董事等管理者只要時間允許都會參加，與員工一起聯歡。所有這一切，都在不知不覺中提高了員工的素質，增進了員工對企業以及管理者的感情。

第三，**在員工特殊時期要多給予關愛**

員工情緒處於低潮時，是最容易抓住員工的心的時候。

以下列舉的是幾個員工情緒低落的特定時期，管理者若在此時多給予員工關愛，必能感動員工，激勵員工爲企業全心全意效力。

員工生病時。當身體不適時，人的心靈總是特別脆弱。

工作不順心時。因工作失誤或無法按照計畫進行而情緒低落的時候——因爲人在彷徨無助的時候，對來自別人的安慰或鼓舞的需要比平常更加強烈。

人事變動時。剛剛調來的員工，通常都會懷著期待與不安的心情，這時，管理者應該幫助他們早日消除這種不安。另外，由於工作崗位構成人員的改變，員工之間的關係通常也會產生微妙的變化。

家庭出現問題時。如經濟方面的問題，家庭經濟緊張，或收入突然減少，或一下子要支付一筆很大的開支而影響了家庭的正常生活等；子女方面的問題，進不了好的學校、成績差、落榜、失業或闖禍等；長輩方面的問題，對夫妻雙方的父母，或照顧不周，或他們覺得厚此薄彼而產生了不滿，或有親人、朋友去世等；夫妻之間的問題以及突發事件等。

三、宋江為什麼要斬李逵而不是武松
——對於不信奉價值觀的員工如何處理

價值觀只有融入每個人的心底時才能共用，例如：彼此的尊重。對於大多數自認爲早已建立公司價值觀的企業來說，應該實事求是地、客觀地檢查一下自己的價值觀：價值觀的陳述是否真正傳達了要表達的意思？這些陳述真正適合你的企業嗎？他們是否反映了公司從管理人員到一般員工的真正信仰？對於那些不信奉這些價值觀的員工，你有什麼措施？

《水滸傳》有一個情節寫的是，重陽節那天，宋江非常高興，並乘酒興作了一首《滿江紅》，寫完之後還要唱這首詞。正唱到「望天王降詔早招安」的時候，武松坐不住了，他早就看不慣宋江動不動就要招安的做法了，於是喊道：「今日也要招安，明日也要招安去，冷了弟兄們的心！」而這時，「黑旋風」李逵也趕著湊熱鬧，睜圓怪眼，大叫道：「招安，招安！招甚鳥安！」只一腳就把桌子踢翻了。這時候，宋江大怒：「這黑廝怎敢如此無禮？左右與我推去斬訖報來！」

大家看完之後覺得特納悶，明明這是武松挑起的事端，爲什麼衝著李逵去了呢？尤其這個李逵跟宋江的私交還是不錯的。

實際上，這是一次因爲價值觀念不同而爆發的人際衝突，在這個衝突的過程中，首先要看對象，對象不同，衝突方式就不一樣，李逵跟武松有三點不一樣。

第一，武松是有意爲之，李逵是無意爲之。武松要說一句話時，是經過深思熟慮的。而李逵要說一句話時，一定是不過腦子的。

第二，武松是一個臉皮薄、要面子的人，是要名聲的英雄。而李逵是一個臉皮厚、打一巴掌都不知道疼的賴皮。

第三，梁山和江湖上對武松敬重很多，因爲他的威名很重。而對李逵這個鐵牛黑廝，喝醉酒亂說就一般了。

由於這三種原因，如果宋江跟武松衝突，後果必定不堪設想。要是以後武松跟他的感情斷了，江湖上支持武松的那些人，就會和宋江對立起來。而且武松的這種想法，可能就會演化成以後的、預謀性的對抗。所以宋江是要給大家樹立一個形象、一個榜樣、一個招牌，跟我對著幹，就會得到像李逵一樣的下場！

果然，宋江回過頭來，再對武松語重心長地說：兄弟啊，你跟李逵不一樣，你不是粗魯人，你如何能這樣傷哥哥的心呢！下次有什麼事咱倆再溝通，千萬別這樣等等。就這樣輕描淡寫地過去了，這也對武松起到了一個警示震懾的作用，讓周圍的人也明白了他的鮮明態度。

所以宋江實際上既注意了手段的效果性，也注意了對象內心的變化。

可見，將價值觀融入員工心靈儘管不容易，但卻是關係到管理團隊和使團隊目標順利進行的大事。如果你願意花時間和精力來創造一個真實可信的價值觀，將讓你的團隊大受稗益。

要讓價值觀真正在一個團隊中紮下根來，必須將其融入與員工有關的每一個步驟——招聘、考評、獎勵標準和晉升等。從員工初次面試到他離開團隊，都應該隨時提醒他，核心價值觀是團隊所有管理的根本。

知名的科技公司朗訊推行價值觀的步驟分三步走：第一年，他們對新價值觀進行廣泛宣傳，讓大家知道要力推的價值觀的每一項的含義是什麼。朗訊人力資源部先請中高級職稱的經理來，通過管理遊戲來檢測他們的行為模式，發現不少成員的反應與要求有很大差距。人力資源部制定一個計畫，通過許多場合和形式讓員工熟悉核心價值觀的內容。

第二步，人力資源部和各事業部門開始將員工的業績考評和價值觀結合在一起。員工的業績考評中，業務成就是一個指標，另一個是員工的行為表現。

第三步，加強管理人員對核心價值觀的理解，作為管理人員，要真正能夠成為這樣一個典範。

還有一家創業不久的網路公司，通過將核心價值觀——「勇於奉獻、值得信賴」——融入與員工息息相關的每一個體系，成功地建立了一種強大的團隊文化。

對所有前來應聘的人員，不管是應聘接待員還是副總裁，公司不僅考核他們的技能和經驗，而且還看他們是否符合公司的價值觀。在面試中，公司的首席執行官吉萊斯和他的員工，會坦率地提出有關工作量期望值以及過去的成就等問題。

為了瞭解員工的自我激勵及奉獻精神，吉萊斯請他們描述別人認為不可能完成而他們卻完成了的某件事。員工來報到後，公司會一而再、再而三地提醒他們，這些價值觀不只是文字形式，公司將以這些核心價值觀來評估他們，在給予股票、獎金和晉升等獎勵時，公司也會以核心價值觀作為考核標準，甚至以此決定解雇某位員工。

據說，一條資訊只有在管理者們重複七次之後員工才會相信。所以，管理者將價值觀融入各個體系後，應該利用一切機會宣導這些價值觀。

考慮到人們現在對價值觀的理解常常有偏差，或者覺得不實際，管理者應抓住機會多加重複使其更加有效。

強生公司也是一個例子，該公司常常以看起來顯得陳舊的方式不斷地向員工灌輸價值觀。從公司高呼的口號到基礎電腦的培訓，這家零售巨人不斷強調卓越、客戶服務以及尊重員工等核心價值觀。

「我來自歐洲，在那裡，我們認為高聲歡呼之類的東西代表了美國人的膚淺，」一位接受管理培訓的學員說，「但我必須承認，不管是休息室裡貼的標語，還是我們談到的創始人的格言，一點也不可笑。」這是因為，管理者用行動強化了這些核心價值觀。例如，員工就卓越服務提出了新方法時，強生公司總是會以現金和其他公開表揚的方式對他們進行獎勵。

再來看看康柏公司。在入職培訓時，公司不是給新員工一本詳細的手冊，告訴他們如何向客戶提供優質服務，而是向他們詳細地講述公司的同事是如何竭盡全力贏得客戶稱讚的故事。其中一個故事講到一位銷售代表，他曾經問都沒問，就同意客戶退回已購買了一年的筆記型電腦。

這個故事講了一次又一次，最終使員工更加相信，他們是在為一家不同尋常的公司工作。在商店不營業的時候，經理們會通過公司內部的對講系統，宣讀客戶的表揚信和批評信，這樣，員工可以直接聽到別人對他們工作的評價。

團隊價值觀是團隊文化成型的基礎，有了團隊價值觀並將它融入到每個成員的心裡，團隊就有了自身的特點和優勢，有了永不枯竭的活力源泉。

◆延伸閱讀◆

宋江的「及時雨」是怎麼叫響的？

《水滸傳》梁山一百零八將中，以宋江的綽號最多，有及時雨、呼保義、孝義黑三郎、黑宋江等等。這麼多綽號中，以「及時雨」最為出名，出現頻率也最高。

那麼，宋江的「及時雨」是怎麼來的呢？

書上有解：「那押司姓宋名江，表字公明，排行第三，祖居鄆城縣宋家村人氏。為他面黑身矮，人都喚他做黑宋江；又且於家大孝，為人仗義疏財，人皆稱他做孝義黑三郎。上有父親在堂，母親喪早，下有一個兄弟，喚做鐵扇子宋清，自和他父親宋太公在村中務農，守些田園過活。這宋江自在鄆城縣做押司。他刀筆精通，吏道純熟，更兼愛習槍棒，學得武藝多般。平生只好結識江湖上好漢；但有人來投奔他的，若高若低，無有不納，便留在莊上館谷，終日追陪，並無厭倦；若要起身，盡力資助，端的是揮霍，視金似土。人問他求錢物，亦不推託。且好做方便，每每排難解紛，只是周全人性命。如常散施棺材藥餌，濟人貧苦，周人之急，扶人之困，以此山東、河北聞名，都稱他做及時雨，卻把他比做天上下的及時雨一般，能救萬物。」

從文中可知，宋江經常做雪中送炭、仗義疏財之類的事情，所以贏得了這麼大的名聲。

不過，像宋江這樣的人，《水滸傳》中至少還有兩個人，他們也經常做類似的事情，一個是天王晁蓋，另一個是小旋風柴進。

在晁蓋出場的時候，書中交代：「原來那東溪村保正姓晁名蓋，祖是本縣本鄉富戶，平生仗義疏財，專愛結識天下好漢。但有人來投奔他的，不論好歹，便留在莊上住。若要去時，又將銀兩齎助他起身。最愛刺槍使棒，亦自身強力壯，不娶妻室，終日只是打熬筋骨。」

但描寫柴進卻不是在他出場之時，而是宋江與宋清走投無路，想來想去，借宋清之口說出來的：「我只聞江湖上人傳說滄州橫海郡柴大官人名字，說他是大周皇帝嫡派子孫。只不曾拜識。何不只去投奔他。人都說仗義疏財，專一結識天下好漢，救助遭配的人，是個見世的孟嘗君。我兩個只投奔他去。」

由此可見，以上三個人，皆是《水滸傳》中「仗義疏財」的典型人物。然而，為什麼只有宋江一個的名聲最響亮，也最容易令江湖好漢折服？看那黃門山幾個強盜，同時攔住晁蓋和宋江，卻於晁蓋之前獨拜服宋江，真是令人嗟嘆！

由於宋江沒有什麼特別突出的，於是就將所有的優點和特徵都給自己取了綽號。比如其人黑，就有「黑宋江」之稱；其人孝義，就有「孝義黑三郎」之譽；

其人經常仗義疏財，就有了「及時雨」和「呼保義」之讚。這麼多的綽號，對江湖豪客，就用「及時雨」；對政府官員，就用「孝義」；整治李逵這個活寶，就得用「黑宋江」。每一個綽號，都有其不同的用處。

那為什麼是「及時雨」最出名？

看上面宋江這麼多優點或者特徵，沒有一個是特別出色的。論孝，比不上公孫勝；論義，比不上林沖；論疏財，比不上柴進；論黑，比不上李逵。所謂矮子裡面拔將軍，這麼多綽號裡，只有一個「及時雨」最為朗朗上口，因此也被叫得最多。特別是像「呼保義」，讀起來拗口，對於文盲眾多的梁山好漢而言，實在是太過於勉強了。

由於宋江沒做過什麼驚人的偉業，所以其「及時雨」的綽號就越叫越響了。

像晁蓋，由於其托塔神功著實厲害，掩蓋了其仗義疏財的優點，所以他叫「托塔天王」；柴進最出色的優點不是其仗義疏財，而是其貴族身分；他們倆如果也叫「及時雨」，並非不行，可就是不大符合他們的身分和性格。

反觀宋江，好不容易揪出來了一條優點，便將這一優點大肆宣傳，久而久之，大家想起柴進來，首先便想到他的身分，想起晁蓋也只有他的托塔，而想起宋江來，卻是「及時雨」般的「仗義疏財」！這是一招典型的田忌賽馬，別的他都比不上，只好放棄，而這一項比贏了，便只攻一點。

宋江的這種性格，一直到他做了土匪頭子還沒有改變，這也為他獲得了「禮賢下士」的好名聲。

反觀晁蓋、柴進，卻沒有宋江這等胸襟。武松在柴進莊上之時，因為生病、脾氣暴烈，慢慢被柴進冷落疏遠了。此事一傳出去，柴進「仗義疏財」的名聲就算是廢了。楊雄、石秀初上梁山之時，差點被晁蓋砍了腦袋，只因「敗壞梁山名聲」。這麼一來，晁蓋的名聲也差不多廢了。值得注意的是，正是宋江，才使得武松重受柴進重視，楊雄、石秀才得以保全性命。

沒有對比就沒有發言權，光看武松、楊雄、石秀三人的遭遇，便知道在做人上，宋江比晁蓋、柴進高明得多，其「及時雨」的名聲，也壓過了晁、柴二人，得以廣泛傳播。

宋江，刀筆吏出身；晁蓋，村長（里正）出身；柴進，貴族出身。三個人不同的出身，決定了他們的身價。

先說晁蓋。別拿村長不當幹部，看《水滸傳》中的描寫，當過裡正的，如史進、晁蓋等人，生活品質是絕對沒問題的，至少也是個中產階級。要當上裡正，他們至少得是個小地主出身才可以獲得提名。掌握了土地資源，便掌握了銀子，晁蓋、史進也一樣。

既然晁蓋、史進是個小地主兼村長，那麼他們的仗義疏財也就順理成章了，沒有人會覺得他們有多麼了不起。像大地主兼大貴族柴進，就更不必說了，本來就是朝廷養著，自己搞點兒副業做做地主，有錢得很。疏點兒財，對柴進來說不過是九牛一毛，根本就不是什麼大不了的事。

反觀宋江，必須要在家中的資產以及自己有限的工資收入中，擠出很大的一部分出來「仗義疏財」。顯然，這種仗義疏財在難度上要比柴進、晁蓋高得多，也更容易獲得別人的好評。

儘管以宋江的實際收入，做「仗義疏財」的事情還是有點兒力不從心，但這種長線投資的回報率還是很高的。在日後，每每宋江被捉住成為待宰的羔羊時，只要一說自己就是宋江，別的土匪們就問，是不是山東「及時雨」宋江，在得到肯定的回答之後，宋江便又從階下囚變成座上賓了。

通過以上分析，我們就可以很清楚地知道宋江強於晁蓋、柴進的地方。經過種種管道的宣傳，日後眾人談起「仗義疏財」，便只能想起宋江一個。

這種經典的行銷案例，即使在廿一世紀的今天，仍然值得我們學習，特別是那些需要做各種行銷宣傳的企業，更要學習。

[第二章]

「搭班子、引人才、帶隊伍」——梁山管理的三要素

及時雨宋公明一貫擁有良好的口碑和形象，後來又有冒死相救梁山好漢的「大義」，與梁山「義字為重」的組織氛圍非常契合，這一點為宋江獲得較高威望打下了基礎。但要順理成章坐上梁山的頭把交椅，僅憑一點好名聲和取得幾回攻城戰功，是難以服眾的。

試想，此時梁山聲勢浩大，屢遭朝廷圍追堵截，外部環境非常險惡；內部人員結構複雜，隊伍規模空前，有棄官投奔的，也有草寇歸順的，有貴族之後，也有鄉野粗人，有地主豪富，也有潑皮無賴，而且先後經歷王倫、晁蓋等不同領導人，各成體系，資歷、本領、心態不一，非一般之士是難以管得好的。

鼎盛時期，宋江果斷導入了現代管理的技術手段，著重「搭班子、引人才、帶隊伍」。

搭班子：科學劃分管理層級，完善組織職能

西方有句名言：寶物放錯地方就是廢物。之所以說在梁山，大家覺得宋江的排座次「公平」，是因為宋江能做到人盡其才，優化組合，讓每一個人都能在梁山發揮自己的最大作用，一些毫不起眼的小人物，都能在梁山的大舞臺上唱一齣精彩的大戲。

一、優化配置：出奇制勝的梁山大班子

關勝非創業核心，單靠「關羽後人」躋身前五，是為了體現梁山「公義」；公孫勝靠神力，代表老天爺，為團隊提供宗教力量，躋身第四；吳用作為軍師，主事但不管事，對宋江地位的取得和鞏固作用非凡；盧俊義靠人品，關鍵時候能認清自己，懂得謙讓，進入核心班子。

宋江的大班子組合，主要包括下面內容。

一是**有缺點的人才監督使用**。

人都是有缺點的！對有缺點的人才怎麼辦？普通的領導者爲了圖省事，往往棄之不用或敬而遠之，但宋江卻不是這樣，他派個人監督著用。

黑旋風李逵心直口快，敢打敢拼敢衝，衝鋒打仗是一把好手，但也有一大堆毛病，他好酒、嗜殺、缺心眼……李逵的致命缺點注定他不能單獨行動，必須有人跟著監督和保護他。李逵第一次下梁山是回老家沂嶺接老娘上山，本來是一個人去的，宋江不放心，派朱富暗中保護他。結果李逵殺了李鬼又殺四虎後，被李鬼的老婆認出，經舉報，被曹太公用計，好酒好肉把李逵灌醉，趁李逵醉中將他綁了，並請縣裡派來楊雄、李雲兩個都頭押解。幸虧朱貴和弟弟笑面虎朱富用計，用蒙汗藥麻翻楊雄、李雲，才救出李逵。李逵回山，四虎換兩虎，取得了意外效果。

李逵一個人在柴進莊上時，由於沒有人監督，就闖出了潑天大禍，打死殷天錫，害得柴進進了大牢。後來宋江伐高唐州，派戴宗、李逵去請公孫勝。戴宗一路嚴管李逵，不讓他喝酒、鬧事，才平安順利地到達薊州，並通過發揮李逵的作用，逼出了公孫勝，勝利完成任務。吳用要去賺盧俊義上山，李逵也要去，吳用就帶他，但要他裝啞巴，還不讓他喝酒，雖然「啞道童」把李逵差點憋死了，但卻收到了出人意料的效果。

宋江要去東京看燈，李逵鬧著要去，宋江答應了，同時派燕青和李逵同行。在梁山上，李逵只怕宋江和燕青，因為燕青會相撲，李逵打不過燕青。燕青監督著李逵，雖然一路上也惹事不斷，但最終都化險為夷，並且李逵這一趟去東京，還鍛煉了自己的辦案才能，為招安後當潤州都統制奠定了基礎。

有人認爲這樣的領導者雖然能用人之長，但忽略這些人的缺點，最終可能種下禍根。要知道真正的人才大多有缺點，如果求全責備，就會無人可用。

一位合格的現代企業領導者必須懂得取長補短、以長制短的用人原則，而力戒長短不分、以短爲長的盲目行爲，才能發揮員工在企業中的作用。

俗話說：「尺有所短，寸有所長。」如果一個領導者的手下個個都是天才，都是人才，多才多藝，完美無缺，這個領導者也就太好當了！事實上，完美的人才是沒有的，也正是這一缺陷考驗著領導者用人的才幹：一個不合格的領導者，只會用人之短，而不會用人之長；一個優秀的領導者，則會用人之長，而不會用人之短。這種差別是領導者用人的重要原則，不可違背。

善於管理的領導者應當知道下屬的優點和缺點，並在適當的時候和恰當的位置上運用其人，這樣就可以做到揚長避短了。

在這裡，我們先從性格出發，來分析下屬的行爲特徵，從中分辨出下屬的「長」與「短」，以便爲領導者用人起到參考作用。

性格堅毅剛直的下屬，長處在於能夠矯正邪惡，不足之處在於喜歡激烈地攻擊對方；

性格柔和寬厚的下屬，長處在於能夠寬容忍耐他人，不足之處在於經常優柔寡斷；

性格強悍豪爽的下屬，稱得上忠肝義膽，卻過於肆無忌憚；

性格精明慎重的下屬，好處在於謙恭謹慎，卻經常多疑；

性格強硬堅定的下屬，能起到穩固兼支撐的作用，卻過於專橫固執；

善於論辯的下屬，能夠解釋疑難問題，但性格過於飄忽不定；

樂於好施的下屬，胸襟寬廣，很有人緣，但交友太多，難免魚龍混雜；

清高耿介、廉潔無私的下屬，有著高尚堅定的情操，卻過於拘謹約束；

行動果斷、光明磊落的下屬，勇於進取，卻疏忽小事，不夠精明；

冷靜沉著、機警縝密的下屬，善於探究小事，細緻入微，卻稍嫌遲滯緩慢；

性格外向的下屬，可貴之處在於爲人誠懇，心地善良，不足之處在於太過顯露，沒有內涵；

足智多謀、善於掩飾感情的下屬，長處在於權術計謀，富有韜略，在下決斷時又常常模稜兩可，猶豫不決；

性格溫柔和順的下屬，行事遲緩，缺乏決斷。因此，這種人雖然遵守常規，卻不能執掌政權，解釋疑難；

勇武強悍的下屬，意氣風發，勇敢果斷，但他們從不認爲強悍會造成毀壞與錯誤，視和順忍耐爲怯懦，更加任性妄爲；

好學上進的下屬，志向高遠，卻把沉著冷靜看作是停滯不前，從而更加銳意進取，這種人可以不斷進取，卻不甘心落後於人；

性情質樸的下屬，心地癡頑直露，行事直爽，可以使人信賴他們，卻難以去調停指揮，隨機應變。

以上僅僅是一個概括，不可能包括所有人，但是，其中已經大體表明這樣一個基本道理：下屬各有性格特徵，皆有長短，關鍵在於領導者如何根據工作的特性去精心安排下屬。一位下屬的優缺點是企業領導者調控下屬的核心，其職責是合理搭配下屬的優缺點，否則就是不稱職的。因此，善於發現下屬的優點和缺點並揚長避短，是一位企業領導人不可忽視的用人之道。假如你是一位企業領導，不妨用歸納法逐個分析下屬，分別找出他們的長處和短處，使其各有所用。

二是**有專長的人才互補使用**。

人才都有一定的專長，不同的人有不同的才能，這些人如果單打獨鬥，就會陷入個人英雄主義，而如果能夠取長補短，則會取得一加一大於二的效果。所以人才的互補使用，是宋江重新組合優化人力資源的又一重要手段。

以李逵為中心的組合就是一個非常典型的人才互補組合。李逵喜歡當先鋒，喜歡衝殺在第一線，並且衝鋒時，還喜歡脫得赤條條地「裸奔」，這樣衝起來爽啊。但是這也有一個致命的弱點，就是容易中箭。

李逵舞著板斧、赤條條地向前衝，敵方往往沒有人出來迎戰，而是先來一通箭雨，李逵往往衝在半路上就被箭射到身上了，還沒殺人就先回去療傷了，導致梁山團隊的戰鬥力大損。但是當芒碭山收伏了樊瑞、李袞、項充後，宋江讓他們和李逵組成一個戰鬥組合，卻起到了取長補短的神奇效果。

原來項充、李袞是盾牌手，上陣殺敵時，每人手裡一面大盾牌，可以擋弓箭，盾牌上還有飛刀，可以傷人。李逵和項充、李袞組成團隊後，由項充、李袞舞著盾牌在前面衝，幫李逵擋箭，當李逵被盾牌保護到達敵人近前時，黑旋風就衝出來，舞著兩把板斧對著敵人砍瓜切菜地大砍大殺。後來，宋江又把枯樹山收伏的喪門神鮑旭編為李逵的副手，形成了李逵、鮑旭、項充、李袞的優秀組合，即「二李包餡子」組合。

自從這個組合形成後，李逵再也沒中過箭，而且組合的殺傷力非常大，經常在別人束手無策時建立奇功。

另一對取長補短的優秀組合，是「董平張清」的「帥哥」組合。

這哥倆一個來自東平府、一個來自東昌府，董平善使雙槍，有萬夫不當之勇，屬於「力戰型」選手；張清以巧取勝，善打石子，屬於「技戰型」戰將。他們倆組合後，一個有戰力、一個有技術，遇到難纏對手，或先由董平與對手纏鬥，張清出其不意遠距離出手，發石子打傷對手，董平乘機對對手發起致命攻擊，一擊致命；或者先由張清遠距離偷襲，董平跟上結果對手。征遼時，這哥倆上來就依靠這個優秀組合的力量奪得了征遼第一、第二功。

類似的取長補短組合還有石秀、時遷的「一莊一諧」組合，時遷靈巧、輕功好，適合刺探軍情和擾敵，但擾敵時萬一遇上強敵交手，時遷的戰力差就可能失手；而石秀雖然不如時遷靈巧，但是戰力強，拼起命來無人能擋，因此時遷和石秀搭配進行敵後破壞時，既能保證擾敵成功，也能保證二人安全。在征遼時，石秀和時遷經常深入敵後，放火殺人，成功實施了宋江和盧俊義下達的作戰目標。

在一個人才結構中，每個人才因素之間最好形成相互補充的關係，包括才能互補、知識互補、性格互補、年齡互補和綜合互補。隨著現代科學技術的發展，很多研究項目是需要體現多邊互補原則的，既需要有知識互補，又需要有能力、年齡等方面的互補。這樣的人才結構，在科學上常需「通才」管理者，使每個人才因素各得其位，各展其能，從而和諧地組合在一個「大型樂隊」之中。

近來國外的研究表明，一個經理班子中，最好有一個直覺型的人作爲天才軍師，有一個思考型的人設計和監督管理工作，有一個情感型的人提供聯絡和培養職員的責任感，並且最好還有一名衝動型的人實施某些臨時性的任務。這種互補定律得到的結果，是整體大於部分之和，從而實現人才群體的最優化，用人時不能不明白此道理。

事實也反覆證明了人才結構中的這種互補定律在人們的實際生活中，可以產生十分巨大的互補效應。

綜合互補的用人之道，已經在企業的經營管理中起著越來越重要的作用，只有瞭解了人才中的互補定律後，才能更好地用人。

丹麥天文學家第谷·布拉赫（Tycho Brahe）有著傑出的觀察才能，經過日積月累，他得到了大量天文觀察資料。儘管如此，他的學說仍然沒有擺脫托勒密地心說的束縛。一六00年，第谷請了一位助手——德國天文學家克卜勒，克卜勒雖然觀察能力不及第谷，但他的理論分析和數學計算才能卻非常突出。

他們兩人合作不久，第谷就去世了。在第谷豐富的觀察資料的基礎上，克卜勒進行了大量的理論分析和研究，大膽地提出了行星軌道為橢圓形的克卜勒第一定律，接著又提出了第二定律（行星與太陽的連線在相等的時間內掃過相等的面積）和第三定律（行星公轉週期的平方等於它與太陽距離的平方）。克卜勒行星運行三大定律的發現，有力地證明了它是第谷觀察才能與克卜勒理論、計算才能互補效應的結晶。

用人除了要瞭解人才的才能互補律、知識互補律外，還應瞭解人才中的個性互補律。無論在哪一個人才結構裡，人才因素之間都存在著個性差異。例如，有的脾氣急，有的脾氣緩；有的做事仔細、細心，有的辦事麻利、迅速。這些不同的個性特徵，都可以從不同角度對工作產生積極作用。如果所有因素都是一種性格、一種氣質，工作反而無法做好。例如，全是急性格的人在一起，就容易發生爭吵、糾紛，這和物理學上的「同性相斥」現象極爲相似。

用人須知互補定律，不要忘了其中的年齡互補。老年人有老年人的特長和短處，青年人有青年人的特長和短處，中年人有中年人的特長和短處。不管從人的生理特點還是從成才有利因素來講，大都如此。因此，一個好的人才結構，需要有一個比較合理的人才年齡結構，從而使得這個人才結構保持創造性。

明朝開國皇帝朱元璋取得政權後的用人方針就是「老少參用」。他是這樣認為的：「十年之後，老者休致，而少者已熟於事。如此則人才不乏，而官吏使得人。」顯然，朱元璋的這一用人方針是從執政人才的連續性、後繼有人問題出發的。其實，它還有更高一層的理論意義，老少互補對做好工作，包括開拓思路、處事穩妥、提高效率等都意義深遠。

曾經有五位諾貝爾獎金獲得者力圖解決超導微觀理論的創立問題，卻都未能如願。而這項成果的最後奪魁者，竟然是巴丁、康柏和施里弗三人。他們三個人組成了一個具有互補作用的人才結構：巴丁老馬識途，把握方向；康柏年富力強，思維敏捷；施里弗善於創新，方法靈活。這也是一個多邊綜合、多邊互補的典型。

綜合互補的用人之道在現代企業管理中，地位越來越重要。規模越大，越需要在人才結構中體現這一原則。

三是**同類人才組合使用**。

這種用人之道就是強強聯手，力爭達到威力倍增的效果。概括起來，這種組合主要有以下幾類：

第一類，親情組合。梁山上有三對夫妻，他們是孫新顧大嫂、張青孫二娘、王英扈三娘；還有十對兄弟，分別是宋江宋清、張橫張順、解珍解寶、阮氏三雄、穆弘穆春、朱貴朱富、童威童猛、孔明孔亮、鄒淵鄒潤、孫立孫新，除了宋江兄弟、朱貴兄弟、孫立兄弟很少配合外，其他三對夫妻、七對兄弟都是多年磨合下來的優秀組合；另外還有盧俊義燕青的主僕組合，打起仗來心有靈犀一點通，互相幫助、互相救助，戰鬥效果自然與眾不同。

第二類，熟人組合。在梁山英雄中，有許多人在上梁山之前就在一起互相配合，彼此之間也很投緣和有默契；上梁山後，宋江自然照顧到這些熟人組合，儘量不拆散他們，以使他們利用自己的默契做出更大貢獻，像朱仝雷橫組合、關勝宣贊郝思文組合、呼延灼韓滔彭玘組合、史進陳達楊春組合、李俊二童組合、呂方郭盛組合等等。

第三類，強強組合。這種組合包括已經成型的熟人組合，像朱仝雷橫組合等；也包括根據作戰需要重新進行的組合，武松魯智深算一對，他們一僧一陀，作戰經常在一起，就是化妝潛伏，兩人也是一組。另一個組合是徐寧花榮的「金銀槍組合」，徐寧綽號「金槍將」，花榮騎白馬提銀槍，他們倆都屬於梁山的「技戰型」人才，經常搭配，一般是徐寧與對手先交手，打不過了就逃回來，把敵將引過來時花榮再用箭射。

梁山還有「三女將組合」，就是扈三娘、孫二娘和顧大嫂三個女將，她們有時候和夫君分開來，三個女人一台戲，帶著一群女兵，形成一個作戰組合。三女將組合的目的主要是輕敵與誘敵，在二打大名府及征北時，多次出現這樣的組合。

第四類，罡煞組合。這一類組合一般是由一名天罡星任主將，再選同類的一至兩名地煞星相搭配。這個組合包括一部分熟人組合，也包括一部分來自五湖四海的人才的重新組合，主要包括林沖孫立黃信組合、秦明單廷圭魏定國組合、董平歐鵬鄧飛組合、索超馬麟燕順組合、楊志楊林周通組合、劉唐陶宗旺組合等。

第五類，儀仗隊組合。郁保四本來專門捧把帥字旗的，後來發展到捧旗、護旗相結合的「儀仗隊組合」，這個組合包括捧旗手郁保四、左右護旗手孔明孔亮、馬前馬後護旗手呂方郭盛，外加信炮手轟天雷凌振。

以上第四類、第五類及第二類組合的部分，最常見於宋江多次排出的九宮八卦陣，在其他的戰鬥中也多有採用。因爲陣型的演練需要時間，各個組合在陣型演練中通過磨合逐漸形成默契，小團隊的戰鬥力得到了提升。

以上所有的人才組合，「鐵面孔目」裴宣心裡也有數，在遇到宋江、盧俊義需要分兵作戰時，裴宣儘量做到不拆散各個組合，大多數是按照組合爲單元進行分拔將領的。比如，只要李逵在哪一組，項充、李袞就一定在哪一組。

根據企業的經營目標，採取相關的人才組合，合理搭配人才，使企業內各種專業、知識、智慧、氣質、年齡的人員，組成一個充滿生機的整體優化的人才群體結構，相互切磋、相互啓發、優勢互補、互相激勵，產生一種較強的「親和力」。這樣做，不僅能充分發揮每一個人的個體作用，而且可使群體作用功能達到一加一大於二的狀態，並在整體上取得最佳的客觀功能。特別是企業在進行新產品開發、技術革新和改造、現代化大型設備的設計和製造等攻堅時，企業家如能合理組合人才，形成具有最佳結構的人才群體，就能發揮科技人才的集體智慧，聯合攻關使之奏效。

二、跑龍套的小班子——小角色也能起大作用

公孫勝在梁山雖然排名很高，官拜副軍師，但真正出謀劃策的，主要是吳用和朱武，公孫勝只是敲鑼的；戴宗天生就是跑龍套的，誰讓他那麼能跑呢。柴進雖然出身貴胄，但是在梁山只是管錢糧，當然是龍套角色了；燕青雖然名列三十六天罡，但很少與名將放對，只是做些機巧性強的事情罷了；時遷、郁保四更是標準的龍套角色，包括安道全、皇甫端等小人物，其實都是龍套角色。

但別小瞧這些龍套，他們在特殊戰場所發揮的作用勝過千軍萬馬。

比如說，朝廷來招安，給宋江封官，然後讓宋江帶隊招安。但是宋江提前就表過態了，嫌官小，還藉口說，我不在乎個人待遇，不在乎前途未來，就在乎朝廷，只要招安就行。在這個時候，他既不滿又沒法說，怎麼辦？給李逵丟一眼色，李逵上來把詔書一扯，說怎麼著，讓我哥哥當這個鳥官，你長沒長腦子？搞得急了，我上東京喀喀喀把你的鳥皇帝給你剁了。你回去跟皇帝說，給官就給個大官當，給小官就別來招安。這時，宋江上前一呵斥說：你這黑廝，在這兒哪有你說話的地方？給我滾！回頭便跟那遣使說，哎呀，上差啊！我自己是無所謂，可是我的下屬，有時我管不住啊！

萬一他們鬧起來，我也沒法收拾。

宋江在眾好漢的角色分配上，非常注意搭大班子和小班子。其中所謂搭小班子，就是「龍套也能唱大戲」。

其實，歷史上很多有作爲的大人物也都十分重視搭小班子。戰國時期的孟嘗君，他手下的三千多門客，大多數是地位卑微而無什麼才幹的「小人物」。那麼，爲何孟嘗君要這麼做，他是施捨天下士人嗎？當然不是，他是以自己獨到的眼光爲自己儲備人才，包括一些不起眼的「小人物」。他深信，亂世之時，人人皆有所用。

一次，孟嘗君出使秦國被扣留。爲了賄賂某權貴以便逃生，一位擅鑽狗洞偷東西的門客自告奮勇，混進秦宮偷回了秦王一位妃子的白貂皮大衣，並將大衣送給了秦國的權貴後，他才得以釋放。接著，他連夜逃走，到函谷關口，卻看到關門緊閉著。按照秦國的規定：必須待到雞鳴之後，關門才可開啓。正好他的眾位門客中，有一個人擅學雞叫，而他的叫聲又帶動許多雞鳴叫起來，孟嘗君由此得以脫險。

很多小人物一般不被別人欣賞，如果你能夠認識到他們的特殊才幹，並指出來，讓他們運用這些才幹做一些大事，他們就會像感激伯樂一樣感激你的恩德。

一號龍套：公孫勝

作用：反僞科學

在梁山對敵鬥爭中，經常遇到一些會使「法術」的對手，這個時候，一直處在幕後的入雲龍公孫勝就要出馬了。法術，說到底就是一種魔術，一種障眼法，用今天的話來說，本質上就是「僞科學」或者「陰謀論」。

對付僞科學，必須要用科學的方法來破解、拆穿它。入雲龍公孫勝是羅真人的高徒，學得了精湛的破解僞科學的先進技術，當遇到會使「妖術」僞科學的特殊對手時，公孫勝特殊的才能就會大放異彩。高唐州救柴進，遇到知府高廉會使妖術，無法破解，沒辦法，戴宗、李逵請得公孫勝下山，不僅破了高廉的妖術，而且還用科學的「八卦陣」破了高廉有缺陷的「八卦陣」。芒碭山的混世魔王樊瑞會使妖術，也是被公孫勝給破了，不僅把樊瑞、李袞、項充帶上梁山，還使樊瑞改邪歸正，跟著公孫勝學起了正規的「科學技術」。北征田虎、西征王慶時，公孫勝還先後破解了喬道清、馬靈的「妖術」，並把這兩人策反到梁山團隊中來，不僅有效打擊了敵人，而且還壯大了梁山的力量。

二號龍套：戴宗

作用：情報遞送

神行太保戴宗不知道在哪練就的神行術，最快速度能日行八百里！這樣的特異才能，官府沒人看到，只讓他當個小牢頭子，管管犯人。但在宋江眼裡，戴宗卻是不可多得的情報高才。

戴宗隨宋江上梁山後，被安排的就是情報工作，擔任的職務是「總探聲息頭領」，相當於情報局局長，手下管著四個「走報機密步軍頭領」，這四個頭領相當於諜報處長，還有東西南北山的四個酒店。如果梁山好漢們都有工作說明書的話，那麼宋江給戴宗的工作說明書裡定的工作職責主要包括：一是負責情報遞送。你跑得快嘛，八百里加急用四條腿的馬跑，一天要跑死好幾匹馬，戴宗兩條腿當天就跑下來了。宋江和盧俊義分兵打仗時，宋江總是派戴宗來回傳遞雙方的戰況。宋江帶兵征討，需要與後方聯繫，負責送信的還是戴宗。沒辦法，誰讓你腿快呢？

二是負責情報收集。曾頭市的情況怎麼樣了？童貫的征討大軍到哪裡了？高俅的征討大軍這會兒在幹嘛了？只要宋江想知道什麼訊息，都會派戴宗暗暗去打聽，回來後就會採取相應對策，做到知己知彼，防患於未然。

三是負責部分敵後軍事任務的具體實施。公孫勝躲在薊州不出來，戴宗定計，派李逵斧劈羅真人，逼得公孫勝再次出山。蕭讓、樂和被高俅矇騙，軟禁在太尉府，戴宗與燕青定計，把兩個人賺了出來，之後，宋江的招安大業終於如願以償地完成。

三號龍套：燕青、柴進

作用：「美男計」

美人計本屬中國的三十六計之一，在梁山團隊裡，宋江也會使用「美男計」，適合擔當這方面角色的「高才」，一個是浪子燕青，一個是小旋風柴進。

燕青不僅人年輕、長得帥，而且還屬於多才多藝的博學青年，尤其是會彈箏、會唱當時的流行歌曲《宋詞》、會說討女人喜歡的話，而且還很時尚地在身上繡了一身的好紋身，特別是會相撲絕技，端的是人見人愛的主兒。

宋江第一次去東京，在李師師那兒差點就要見著皇帝了，被李逵一鬧沒見成。三敗高俅後，就派燕青和戴宗去找當時京城「都花」——花魁娘子李師師。燕青單獨去見李師師，使出了渾身的解數，又是彈箏、又是唱曲、又是說貼心話、又是展示紋身，把李師師哄得花心怒放、春心蕩漾，情難自抑，對燕青提的要求百依百順，當即答應幫助燕青引見她的相好——徽宗皇帝，討得了皇帝用他那著名的「瘦金體」親筆書寫的招安詔書，實現了宋江的招安夢想，也為一百零八將博得了一個很好的前程。

宋江第二次使用「美男計」則是在南征方臘取得杭州後，準備向方臘的老巢睦州（就是今天的「千島湖」所在地、建德市淳安縣）進攻前夕，考慮到南征損兵折將，兵力損耗嚴重，不得已派出皇族血脈——小旋風柴進潛入方臘老巢，伺機裡應外合。

小旋風柴進，後周世宗嫡傳血脈，身上自來有一種貴族氣質。和燕青的青春偶像不同，氣宇軒昂的柴進走的是「熟男」路線。身為皇族的柴進，不僅氣質上氣宇軒昂，而且還有「熟男」的高超演技，靠一些空話、套話，就把方臘朝的大臣和方臘本人「忽悠」得雲裡霧裡，以為遇到了類似諸葛亮這樣的臥龍鳳雛呢，不僅把柴進奉為上賓，方臘還昏了頭，把柴進招為駙馬。結果柴進利用他駙馬的身分，把方臘的清源洞皇宮裡裡外外的路線、佈置等地理情況摸得一清二楚。

宋江最後對方臘清源洞皇宮進行攻擊時，通過與柴進的裡應外合，一舉搗毀方臘巢穴，逼得方臘無處可逃，最後在荒山野林中被魯智深所擒！柴進上梁山以後，寸功沒立，最後卻在關鍵時候利用「美男計」攻破方臘老巢，不能不說是宋江用人的神來之筆！

四號龍套：時遷

作用：干擾對手

宋江、吳用在對敵作戰中，經常採用擾敵、疲敵、惑敵等戰術，以達到聲東擊西、裡應外合的效果，加快推進戰爭進程。而要實施擾敵這一特種戰法，必須有擅長此方法且具備相應特質的人才可以擔當。鼓上蚤時遷上梁山後，就經常被宋江賦予這樣的使命。

鼓上蚤時遷，在一百零八將中排名倒數第二，是一個不折不扣的「小人物」，但這個小人物卻有著一個特殊的技能，就是會飛簷走壁的輕功！而這種功夫正是深入敵後、實施擾敵策略的必備特質。時遷原來只是一個小毛賊，上梁山後改邪歸正，在梁山一共擔任三項職能：

第一個職能是繼續發揮他的盜竊功夫，擔任具體的盜竊任務。到徐寧家盜甲，就是他利用飛簷走壁功夫，同時實施「擾敵」計謀，成功盜得寶甲，把徐寧騙上梁山入夥的經典案例。不過自從到徐寧家盜甲以後，時遷再也沒偷過東西。

第二個職能是刺探軍情，也就是從事情報工作。時遷和戴宗都是搞情報工作的，戴宗的速度快，但一般只能探聽到市面上的消息。時遷雖然速度不如戴宗，卻因為會飛簷走壁，能深入到人家的房梁上、廁所裡，探聽到絕密的情報。宋江攻打曾頭市時，分別派了戴宗和時遷去收集情報，戴宗速度快，後去先回，帶回來的消息一般，時遷雖然回來遲，卻探聽到曾頭市五個方向的詳細兵力部署，順帶著還把險道神郁保四的個人資料給搞來了！宋江、吳用正是憑著時遷的情報，兵分五路一齊攻打，一戰而下曾頭市，報了晁蓋中箭身亡的大仇。

時遷的第三個職能，就是具體擔任擾敵計畫的實施工作。宋江兩次攻打大名府，都鎩羽而歸。第三次除了制訂周密計畫外，特別委派時遷潛入大名府去放火擾敵，並且特別說明，放火最關鍵，城中火一起，城裡必然亂，一亂就好渾水摸魚了。

時遷果然不負眾望，施展他的飛簷走壁輕功，跑到翠雲樓上，把人家翠雲樓的房頂給點著了，結果火勢一起，四門攻擊，一舉拿下大名。高俅派葉春造海鰍大船準備攻擊梁山泊，吳用早就定下計策，但為了擾敵，就派時遷、段景住這兩個盜術高明的頭領，帶著張青孫二娘、孫新顧大嫂等人，去高俅的造船廠放火，結果幾把火把高俅的造船廠燒得亂七八糟的，成功地達到了擾敵的目的。在征田虎、征王慶、征方臘時，時遷同樣多次承擔了擾敵的任務，在特殊戰場上為梁山團隊的勝利做出了特別的貢獻。

五號龍套：郁保四

作用：團隊形象

形象是一個組織的外化，是組織打擊對手心理、實施「心理戰」的手段。宋江領兵作戰，帥字旗緊隨其後，飄揚的旗幟能起到激勵人心、鼓舞士氣的作用，而捧旗者也關係到梁山團隊的形象。宋江自己長得又黑又矮，心裡一直迫切想找個高大威猛的人替他捧旗。

梁山好漢中高大威猛的人不是沒有，武松、林沖、關勝、呼延灼、魯智深等，哪個不是高大威猛？但這些都是萬夫不當之勇的戰將，他們的作用是在百萬軍中取上將首級，讓他們去捧帥字旗，是高射炮打蚊子——大材小用了！可巧，打曾頭市，收得了郁保四上山。

郁保四，青州人，身長一丈，腰闊數圍，長得是高大威猛。按宋制，一尺相當於三十點七三釐米，一丈等於十尺，按此計算，這個郁保四身高應該在三米出頭，個子高得出奇。其次，這個郁保四腰闊數圍，說明很壯實，所以得了個「險道神」的名號。

「險道神」是什麼神？是封神演義中的太歲部下日值眾星之一，名為方弼，他的弟弟方相被封為「開路神」。這兄弟倆原是殷商朝的鎮殿將軍，長得高大威猛，因為造反被打死，死後得封正神。因這兩兄弟長得高、形象猛，在民間死人出殯時，經常紮著這兩個神的紙像以開路。

這郁保四既然綽號險道神，說明不僅高大，而且威猛猙獰，一出場絕對能鎮得住人，同時武藝又不是太高，專門用來扛旗正好合適。所以，郁保四一上山，宋江就決定讓他當旗手了。英雄排座次以後，郁保四就成了專捧一把帥旗的專業「旗手」了！這個旗手代表的是梁山的英雄形象，宋江用郁保四捧旗，也算人盡其才了！

在現代的職場上，也是如此，用人不必有所拘泥，對於有才華、有創意的年輕人，不妨加以重用。如果按照某人的資歷，他還排不上某種位置，但他的能力卻足夠勝任，那麼你可以任用他，這樣他會爲你的破格提拔心懷感激。

要重視小人物的一些不爲人知的小優點，並據此將他安排在合適的工作崗位。比如某人的業務能力不強，但是長得人高馬大、強壯威武，那麼可以安排他做保安系統的工作；如果某人的思維不夠有創意，難以勝任一些高難度的工作，但是心思縝密、小心謹慎，那麼可以讓他去做會計。

還要用適時的提拔表示你對小人物的重視。當他們取得一些小成績之後，可以對其進行稍微誇大的表揚，然後提拔他做更重要的工作，這樣做能夠不斷地激發小人物的工作潛能，使其不斷得到新的進步和發展，並激勵他們更加努力地工作。

三、宋江的差異化管理——企業可以有閒事，但不可有閒人

每個人都是獨一無二的，即便最爲高級的複製技術，也製造不出來思想和情感完全一致的人。既然人的特點就是不同，那管理的方式也應該不同。

宋江用人的原則是典型的差異化管理。

差異化管理之一：二八法則

一八九七年，義大利經濟學家帕累托發現了著名的「二八法則」——在任何一組東西中，最重要的只占其中一小部分，約百分之二十，其餘百分之八十儘管是多數，卻是次要的。

殊途同歸，宋江的用人也體現了這個「二八法則」。

在梁山一百零八將中，確實有約二三十個堪稱「大才」的重要人才，他們是宋江抵禦官軍、南征北戰的主要倚重。這些「大才」主要集中在三十六「天罡星」裡，具體主要包括「馬軍五虎將」、「馬軍八驍騎」、「水軍六頭領」、「步軍十頭領」中的大部分以及病尉遲孫立等極少量「地煞星」。

在梁山這個以「戰鬥」為主要任務的團隊裡，這些約占百分之二十的大才幾乎包辦了絕大多數戰鬥任務中「斬將、奪隘、闖關、攻城」等具體工作。

這些「大才」大致可分三類：

第一類：「力戰型」大才

以關勝、林沖、秦明、呼延灼、董平等馬軍五虎將以及步軍頭領中的李逵、魯智深、武松等為代表，他們武藝高強，能在百萬軍中取上將首級，常常在關鍵戰役中發揮關鍵作用。二打祝家莊時，扈三娘難纏，結果被林沖活捉，三打祝家莊時，全賴病尉遲孫立之功；宋江拿水火二將的特技沒辦法時，是關勝出馬收伏之；一敗童貫是秦明先立頭功，二敗童貫林沖先刺死了馬萬里；一敗高俅時，是呼延灼率先打碎了荊忠的腦袋，二敗高俅時，又是呼延灼和韓存保大戰百十回合後落水擒住了對方；北征遼國第二功是董平奪得……宋江南征北戰、東殺西討時，遇到擺不平的對手戰將，多半是關勝出馬解決；李逵性急，常作開路先鋒；魯智深、武松沉穩，經常斷後或伏擊……力戰型人才不是「旗開得勝者」就是最後「大吼一聲定乾坤」者。

第二類：「技戰型」大才

以花榮、張清、徐寧為代表。花榮箭術一流，外號小李廣。張清外號沒羽箭，石子打人幾乎百發百中，曾經用飛刀技連傷梁山的十五員大將，屬於「技戰型」人才中特別另類的。徐寧的鉤鐮槍獨步天下，金槍將美名天下揚。這些「技戰型」人才有一個共同特點，就是遇到「力戰型」那樣的對手時，後勁不足，需要靠特殊技能來彌補，也往往依靠這些成名技能而一戰定乾坤。

三打祝家莊時，花榮射滅了莊裡的紅燈，使祝家莊的指揮系統陷入混亂，為宋江等人逃命立了汗馬功勞。梁山團隊北征大遼時，張清立了第一功，並與董平並立了第二功，石子打得大遼軍兵魂飛魄散，以致遼人認為宋軍中就一個會打石子的最厲害。而徐寧的獨門絕技——鉤鐮槍術，為宋江大破呼延灼的連環馬立下了不世奇功。在征遼、征王慶、征田虎、征方臘的戰役中，徐寧也是戰功卓著。

第三類：「特戰型」人才

「特戰型」人才包括利用特殊地域作戰的，比如水戰、海戰、山戰等，也包括利用「特殊才能」進行作戰的，比如梁山的六個水軍頭領，即「一李二張三阮」的混江龍李俊、船火兒張橫、浪裡白條張順、立地太歲阮小二、短命二郎阮小五、活閻羅阮小七。梁山的水軍頭領雖總共只有八個，但梁山團隊的水戰並不少。水戰能取勝，宋江主要依賴的就是這些為數不多的水軍頭領，這個「一二三組合」外加「二童」，總是能在特殊的戰場，運用特殊的水戰技能，取得特殊的勝利。

呼延灼征梁山時，調轟天雷凌振炮轟梁山，是水軍建功把凌振引下水，最後由阮小二活捉。盧俊義上了吳用的當，與梁山馬步將領大戰後，也是在船上被張順活捉。張清石子打遍梁山馬軍步軍頭領，一下水就被阮氏三雄所擒。二敗高俅時，李俊捉得劉夢龍，張順捉得牛幫喜。三敗高俅時，張順鑿沉海鰍船並生擒了高俅。北征大遼，水軍偷渡拿下了檀州。征田虎時，混江龍李俊水淹太原城，這架勢和當年的關羽水淹七軍也不差多少。征王慶打宛州時，又是水軍建功。南征方臘時，水軍頭領更是立功無數，在攻打方臘老巢清溪洞府時，李俊帶領水軍詐降，裡應外合一戰成功，趕得方臘上天無路、入地無門，最後被魯智深所擒……

宋江在不知不覺中運用二八法則，雖未必能皆大歡喜，卻能最大程度減少組織變革的風險與用人上的失誤，不可不學。

在梁山排座次中，我們看到宋江將「用而不崇，重而不用，尊而不重，用而不尊，既用又重且尊」的方法用到了極致：

用而不崇的裴宣——從資歷、名望上看，裴宣都屬小字輩，但從能力上看，梁山找不出第二人可以代替他主管賞罰這一權力的了。所以裴宣在一百零八位好漢中排四十七，算是靠後的了，有權而位置低，確保執法的公正性，就是典型的用而不崇。

再一個是時遷，他的技藝可算一絕，但這個技藝是偷，沾了偷字，位置肯定不能往前排，無論他資歷如何，貢獻多大。因為座次是山寨的門面，所以，職位上也就不能安排重要的角色給他，因此時遷的座次就排在一百零七位，但宋江對這樣的人物則是待遇優厚，愛護有加。

重而不用的公孫勝——公孫勝作為梁山創業起步期的老臣，其道士身分本身有很大的「統戰意味」，在梁山歷次戰爭中，公孫功勞也大，因此座次排位很高，雖有丞相之職，但無丞相之權。位置放在那裡，但凡事都有軍師吳用主持。他居於軍師之後，很少參與決策，這是典型的「重而不用」。

用而不尊的朱武——朱武幹革新工作比較早，早年也創過業，足智多謀，能力超群，胸有韜略，號稱神機軍師。但吳用恐其搶了自己風頭，威脅自己的地位，一直壓制他，因此其雖有丞相之權，卻無丞相之尊，凡事都能參與，甚至也能主持，但位置很特別，只是參贊。沒有正式名分，這是典型的「用而不尊」。

尊而不重的關勝——關勝是名門之後，武藝高強，早年在朝廷就是中高級將領，因此他的排位很高。但就權力分工來說，則屬於典型的有丞相之尊，無丞相之職，只是位置在那裡，卻沒有相關的職權，這叫做「尊而不重」。

用重且尊的吳用——吳用學究出身，早年參加過梁山創業（智劫生辰綱），先後歷經晁宋兩個老闆，一直擔任「ＣＯＯ」。雖在玉麒麟盧俊義氣上山後，排位回歸第三位，但作為兩朝元老，擔任軍師的他無論對梁山的貢獻，還是對大股東的忠心及自身的能力與影響力，都是一時之選。遍觀梁山一百零七人（不含宋江），只有吳用是既用、又重、且尊，名副其實，實至名歸。

差異化管理之二：讓人人都有事情幹

細心的讀者也許留意到，《水滸傳》一百零八將中，有不到百分之二十的人在梁山基本上是不打仗的，他們因爲各種的原因上梁山後，除了排座位時提到一下，其他時候很少出彩露臉。那麼這些人幹什麼去了？

宋江的安排是：讓人人都有事情幹。職務安排充分考慮個性化需求——企業可以有閒事，但不可有閒人。

行政管理——蕭讓、金大堅

聖手書生蕭讓文筆好，書法造詣高，精通「蘇黃米蔡」宋四家的書體，梁山的各種文案、檄文、公告、通知等等，從起草到謄寫，都是蕭讓的工作。蕭讓在行政管理方面的工作相當於專職文字秘書長。而玉臂匠金大堅，因爲精通金石雕刻、篆刻，開得好碑文，剔得好圖書、玉石、印記，在梁山專門負責兵符、印信的製造工作。掌管印信的工作，相當於行政管理中的機要秘書。

人事管理——裴宣

在歷史上，能稱爲「鐵面」的人只有包公。裴宣號稱「鐵面孔目」，說明他是一個極其公正的人，而人事管理最需要的「特質」就是「公正」。裴宣這個專才依靠鐵面「公正」，在梁山主要負責三件事：第一件事是兵將調撥。宋江與盧俊義分兵打仗時，裴宣能把馬步水三軍頭領分撥得公公正正，既照顧到人才組合，又照顧到力量均衡。這不僅需要公正，而且需要高超的人事技巧。

第二件事是「定功」，就是人事管理中的績效考核。因爲裴宣公正，績效考核的結果應該是最公平、真實的了。第三件事是賞罰，就是獎懲。獎懲就是要公正、公開、公平，才能服眾，這件事也只有裴宣才能真正做到。裴宣這個人事管理專才，在梁山相當於專管人事與績效、獎懲的人事主管。

裝備管理——湯隆、孟康、凌振

工欲善其事，必先利其器！梁山團隊要打仗，同樣離不開裝備。梁山負責裝備製造的專才主要是三個好漢：湯隆、孟康、凌振。

金錢豹子湯隆，家族世代以打造軍器鐵甲爲營生，在老種經略相公門下效力。上梁山後，不僅解決了梁山的武器和護身鎧甲問題，而且還打造了鉤鐮槍，並獻計賺了徐寧上山，由徐寧教梁山軍兵學會了鉤鐮槍法，爲大破呼延灼的連環馬陣立下大功勞。

玉幡竿孟康，善於製造各類大小船隻，因押運花石綱，孟康奉命造大船，被負責的提調官欺侮，一氣之下殺了提調官，棄家逃走。上梁山後，孟康的造船才能正好解了梁山的燃眉之急。因爲孟康上梁山時，宋江剛上梁山不久，八個水軍頭領均已聚齊，梁山水軍正趕上大發展的時候，水軍大發展自然離不開各種戰船啊。

轟天雷凌振，是當時的火炮專家，他造的火炮能打十四五里遠。呼延灼攻打梁山時，請凌振炮轟梁山鴨嘴灘，大顯火炮神威。晁蓋用計，使阮小二在水中捉了凌振，凌振投降了梁山，爲山寨掌管監造諸事十六頭領之一，專管營造一應大小號炮。凌振的火炮發揮作用主要有以下幾種：第一個作用，打擊敵人，直接轟擊敵人的陣地、城池；第二個作用，通風報信，炮聲一響，大家一齊抄傢伙上；第三個作用，擾亂敵人，凌振有時和時遷等人潛入敵後或城中，在月黑風高時放火放炮，特別是他造的子母炮更是厲害，有時候梁山大軍還沒攻城，敵人聽到炮響就先亂了，戰鬥力當然也就大大下降了，爲減少梁山戰鬥傷亡做出了貢獻。（遺憾的是，可能由於當時火藥的產量有限，火炮不能作為主要攻擊武器使用，否則，征方臘時就不會死那麼多英雄好漢了。）

醫護管理——安道全、皇甫端

人也好，動物也好，總會生病的，梁山上當然少不了醫生。神醫安道全，專門負責醫人；紫髯伯皇甫端，是高水準的獸醫，尤擅醫馬。梁山因爲有了這兩個人，人和馬的健康都得到了保障，真正實現了「人強馬壯」。

安道全是因爲宋江背瘡發作，張順冒著生命危險從江南建康府請來的，安道全一來就讓宋江的背瘡手到病除。安道全還用他高超的醫術把宋江等幾個「賊配軍」的紋面去了，使他們在人前都能抬起頭。北征大遼時，沒羽箭張清曾經被天山勇一箭射中咽喉，竟然被安道全神奇地救活了。

安道全上梁山後，梁山團隊打大名府、征東平、東昌、兩敗童貫、三敗高俅、招安後征遼、征田虎、征王慶，大小上百戰，一百零八將有受傷的，但沒死一個，全賴安神醫的妙手回春。而征方臘時，安道全半道回京，除了當時戰死的，有數十位正、偏將因病死或受傷治不好而殉國的，非直接作戰死亡的機率明顯高了很多。

皇甫端醫馬，也是一樣的，爲梁山戰鬥團隊各個大小戰役提供了強壯的座騎。

財務管理——蔣敬

神算子蔣敬，湖南潭州人氏。原是落科舉子出身，科舉不第，棄文就武。頗有謀略，精通書算，積萬累千，纖毫不差。蔣敬一上梁山，就被宋江委任掌管庫藏倉廒，支出納入。英雄排座次後，蔣敬爲梁山掌管監造的十六頭領之一，專管考算錢糧支出納入。梁山發展到後來，頭領過百、馬步水三軍士兵好幾萬，沒有一個專業的財會專才，還真不一定能應付得過好幾萬人的吃喝用度！好在，蔣敬來了！

大後勤管理——誰負責梁山的衣食住行？

後勤負責啥？主要是「衣」「食」「住」「行」「玩」，這是人的基本需求。而要滿足這些需求的專業後勤保障人才，梁山上還真一應俱有！

首先，「衣」的需求——由通臂猿侯健負責滿足。侯健做得一手裁縫好活，飛針走線，技藝高超。入梁山後，他負責製作旌旗袍襖等軍服。從此，梁山馬步水三軍有了統一的軍服，有了符合要求的戰旗，「替天行道」大旗也是由侯健繡出來的！

其次，「食」的需求——主要由曹正、宋清和朱富來滿足。操刀鬼曹正，掌管屠宰牛馬豬羊牲口的工作。梁山主要實行供給制，糧食等主食和肉類等副食都是統一供給的。糧食基本不需要加工，而豬牛羊等牲口必須先宰殺，經過二次分配才能食用，所以需要有人專門從事屠宰工作。

曹正是林沖的徒弟，祖代屠戶出身，殺豬剝牛手段極好，上梁山正好滿足山上幾萬口人吃肉的問題。而笑面虎朱富，本來也是開酒店的，上山以後也開過一段時間的酒店，可能是宋江覺得山寨需要，英雄排座次後，讓朱富專門掌管監造供應一切酒醋等調味品。朱富本來不會釀酒釀醋，但是山寨需要，就半路出家邊學邊做，這一做還做得挺好。

鐵扇子宋清，出身地主家庭，懂得尊卑貴賤，因此就負責梁山的筵席排設之事，也算是用對人了。

第三，「住」的需求——主要由陶宗旺、李雲負責滿足。梁山發展了，上梁山的人多了，會招來兩個麻煩。一是與官府對抗多了，需要修城牆、修寨子、修水利，這些統稱基礎設施建設；二是人多了，對住房的需求也多了，需要有人充當建設部長這樣的角色，專門修築住房。宋江選擇陶宗旺和李雲來承擔這個重任，這也是有其道理的：

先說九尾龜陶宗旺，他本是光州人氏，莊家田戶出身，說白了就是「農民工」。他慣使一把鐵鍬，有的是氣力，因爲力氣大，所以叫九尾龜，龜能負重。陶宗旺上梁山後不久，就被委任爲道路、水利、城池建設的總監工，負責掘港汊、修水路、開河道、整理宛子城垣、修築山前大路等基礎設施建設工作。用陶宗旺管理「基礎設施建設」，又是一個「人盡其才」的典範。

而青眼虎李雲，本來是沂水縣的一個都頭，有點武功，與李逵鬥了五七回合不分勝負，上梁山後，被委任監造梁山泊一應房舍廳堂。李雲對這個住房建設事業本來也外行，上梁山後也是半路出家，由臨時承擔變爲永久承擔。根本原因在於住房品質事關人命，絕不允許出現豆腐渣工程，必須保證工程品質，而李雲兼「房地產開發」與「監理」於一身，對房子的建設和驗收都負有重要職責，要求李雲必須出於公心、時常豎起耳朵、瞪大眼睛，不得誤事，而李雲不會飲酒，不會因爲酒醉而誤事，所以宋江用他，也是用得其所。

第四，「行」的需求——主要由段景住、孟康負責滿足。古代人出行，絕大多數靠的是兩條腿。當官的、有錢的坐轎，想快的騎馬，水邊的靠船。梁山出行，主要依靠馬來代步、依靠船來擺渡。渡船前面說了，主要是由玉幡竿孟康負責監造，馬由誰來負責呢?金毛犬段景住，段景住善能相馬，上梁山後，就被委任爲戰馬採購負責人，經常帶著楊林、白勝等人去北方採購馬匹，滿足了梁山出行需要。

第五，「玩」的需求——梁山不打仗、不搶劫時，也會找點樂子玩玩。這個「玩」比較簡單，一個是喝酒，一個是唱歌。喝酒除了宋清安排筵宴以外，還有自己的酒店可以滿足這方面需求。

梁山有四個酒店，小尉遲孫新、母大蟲顧大嫂以及菜園子張青、母夜叉孫二娘這兩對夫妻，和朱貴、杜興、李立、王定六共六人開設，這八人原來都是開酒店出身，對酒店經營非常熟悉，完全能夠勝任這項工作。這四個酒店除了作爲梁山的娛樂場所外，還兼顧打聽消息、迎接來賓，兼任情報工作與接待工作。

吃完酒幹嘛呢？唱歌啊！梁山上的好多人都是民歌高手，三阮、白勝都會唱歌，宋江會寫詞，而鐵叫子樂和則是音樂高手，不僅會唱歌，還會即興譜曲。宋江在重陽節填了一首《滿江紅》，樂和當場譜曲唱出，加上兼職「樂隊」馬麟吹簫、燕青彈箏，玩得真是不亦樂乎。

以上後勤保障專才都歸兩個非常厲害的天罡星統領——小旋風柴進、撲天雕李應！不惜把李應這樣戰力非常強、武藝非常高的大才用來管後勤，把柴進這樣的皇室貴胄用來管理後勤裝備，說明了宋江對後勤、裝備工作的極端重視。

引人才：正確的人才觀決定了梁山的事業發展

宋江把有「一技之長」的草莽豪傑統統視爲人才，並想方設法招入麾下，成就了天罡地煞英雄聚義，使得梁山上人才濟濟、星光燦爛。宋江想幹啥事，好像都能有合適對口、身懷絕技的英雄挺身而出……正確的人才觀帶來了梁山事業的順風順水。

一、點石成金，一百零八將無人不才

當許多所謂的企業家在感嘆人才難尋的時候，海爾的張瑞敏卻提出了「人人是人才」的用人理念。其實在宋江主政的水泊梁山，也是「無人不才」，一百零八將個個都是人才！

宋江「無人不才」的先進理念最大的體現，就是運用他的「人才點金術」，把那些在政府眼裡一無是用的賊人、懶漢等「垃圾式」的人物都點化成了神奇可用之才。

一是「賊配軍」變「領軍」

梁山英雄有一批「面上刺字、發配他州」的配軍！他們是宋江、盧俊義、林沖、朱仝、武松、雷橫、楊志。還有幾個蹲過大牢、差點就淪為「賊配軍」或被送上斷頭臺的，他們是柴進、戴宗、史進、解珍、解寶。這十二人全部名列三十六天罡星，是梁山的重要人才！但在官府眼裡，他們是「賊配軍」！管你平時幹什麼的，有多大本事，只要淪為「賊配軍」，那麼在官府的眼裡，就和「垃圾」沒什麼大的區別了。

一來「賊配軍」地位極其低下，誰人都可以打罵、作賤。林沖、盧俊義被發配的時候，董超、薛霸這兩個公差一路打罵，連他們的行李都要「賊配軍」背著。

宋江發配剛到江州時，還不認識戴宗，也被戴宗打打罵罵索要「例錢」。配軍的自尊心受到極大傷害，非常自卑。京劇《野豬林》裡，林沖的一段唱詞很能說明「賊配軍」的極度自卑——「兩行金印把我的清白玷辱了，俺林沖堂堂王法犯的是哪條？縱然僥倖把殘生來保，愧對我地下的爹娘、結髮的賢妻，報國壯志一旦拋。狠心我把娘子叫，娘子啊！從今後莫把林沖再掛心梢。」

二來，「賊配軍」的生命極其沒有安全保障，隨時都會像一隻螞蟻一樣被人踩死、捏死、打死。林沖、盧俊義、武松在發配時，都曾被仇家買通公人，要在僻靜處做掉他們，把臉上的金印揭回來請賞。只要是「賊配軍」，生命就如同螻蟻，隨時會被踩死。《水滸傳》三十八回戴宗罵宋江就很有代表性——那人大喝道：「你這賊配軍是我手裡行貨，輕咳嗽便是罪過！」宋江道：「你便尋我過失，也不計利害，也不到的該死。」那人怒道：「你說不該死，我要結果你也不難，只似打殺一個蒼蠅。」你看看，賊配軍的小命就跟一隻蒼蠅似的，可以隨時撲殺！

三來「賊配軍」只幹下人粗活。「賊配軍」充軍以後，一般很難得到重用。梁中書用楊志，只不過想用他押送生辰綱。林沖這樣名滿神州的英雄，發配到滄州後，只做看守大軍草料場的活。其他的「賊配軍」一般打了一百殺威棒以後，戴著鐐銬、做著粗活。英雄一旦成了「賊配軍」，就如同鯤鵬變成了麻雀，有翅不得展；蒼龍變成了水蛇，風雲不能駕；如千里馬駢死於槽櫪之間！這些在政府眼裡如同「蒼蠅」一樣的人，到了梁山，全變成了高級人才。宋江、盧俊義成為領軍人物，林沖是馬軍五虎將第二，武松成為最重要的步軍頭領之一，朱仝、楊志、雷橫成為馬軍八驃騎。這就是宋江的「人才點金術」在「賊配軍」方面的體現。

二是「黑社會」變「中堅」

梁山英雄中，有一大批人是來自「黑社會」的「惡霸」，這些人到宋江手裡，經過「教育改造」，全成了梁山各條戰線上的「中堅」力量。揭陽嶺的混江龍李俊、童威、童猛和催命判官李立，屬於「山霸」，天天在山上幹著殺人越貨、麻翻人搶劫的勾當。上梁山後，經過宋江調教，李俊成為水軍老大，排名在阮氏三雄的前面，童威、童猛也成為重要的水軍頭領，李俊加二童在水戰中戰績彪炳！催命判官李立也在梁山開設北山酒店，成為梁山重要的「情報官員」。

穆弘、穆春兄弟是揭陽鎮「村霸」，壟斷了揭陽鎮的一切活動，是大雁飛過了也要拔根毛的主，連薛永在那兒賣個藝也要收「好處費」。上梁山以後，穆弘被宋江培養成了馬軍八驃騎之一，成為宋江調兵遣將的重要選擇。

張橫、張順久駐潯陽江，練就了一身好水性，成為江上的「水霸」，兄弟倆經常演「苦肉計」訛詐客商錢財，甚至還經常請渡河之人吃「板刀麵」和「餛飩」。上梁山後，兄弟倆分管四寨水軍，為梁山兩敗童貫、三敗高俅、南征方臘立下了不世奇功！菜園子張青和母夜叉孫二娘在十字坡開「黑店」，靠賣「人肉」為生，不知道害死多少過路之人。上梁山後，夫妻倆在西山繼續開設酒店，成為梁山重要的情報源泉。

三是「三級貧戶」變「猛將」

英雄不論出身！但梁山中有一些人確實出身「貧苦」，上梁山之前他們大多是

「三級貧戶」！這些「特貧戶」在朝廷和官府眼裡，一文不名。既沒有人關心他們，也不會有人把他們當人才用。但上了梁山，在宋江手裡，卻一個一個都是「猛將」、「虎將」！

拼命三郎石秀，本來就是一個無業遊民，無非就砍樹賣柴謀生，是一個「無房、無地、無家庭、無固定職業」的「四無」人員，過著飽一頓饑一頓的流浪日子。與楊雄上梁山之後，宋江封他為步軍頭領，石秀知恩圖報，三打祝家莊、義救盧俊義，事事都衝在前面，從不惜命惜力，成為梁山中敢打敢衝敢拼命的「猛將」。

阮氏三雄本來只是三個漁民兄弟，在石碣村打漁為生，由於官府盤剝，出產大魚的梁山泊又被王倫占著，日子過得極其艱難，為生計跟著晁蓋劫了生辰綱，為活命上梁山。在晁天王手下，阮氏三雄除了殺過一個黃觀察以外，毫無建樹，長時期寂靜無聲。宋江上梁山後，著手興建水軍，阮氏三雄才找到了用武之地，在戰童貫、敗高俅、征王慶、征田虎、征方臘的戰鬥中立下了汗馬功勞。

四是「下三濫」走「正道」

上梁山的一百零八將中，有一部分好漢原來都是一些雞鳴狗盜之徒，其實就是「賊」。小毛賊在世人的眼裡，都是「下三濫」的不光彩勾當，在官府眼裡是，在老百姓眼裡也是！但是就是這樣的一些「下三濫」人物，在梁山上卻鮮有「不光彩」的表現，而是紛紛走上了「正道」！鼓上蚤時遷本來就喜歡偷東西，因為在祝家莊偷吃了一隻雞，不僅使自己身陷囹圄，而且還害得楊雄、石秀差點被晁蓋斬了，這說明晁蓋對偷雞這樣「下三濫」的行為也是相當不齒的。

時遷被宋江救上梁山以後，除了執行宋江命令去偷盜徐寧的雁翎寶甲以外，沒再幹過其他「偷雞摸狗」的勾當，他發揮了飛簷走壁的輕功才能，為梁山的情報事業做出了巨大貢獻。金毛犬段景住最喜歡幹的活是盜馬，也是小偷！段景住從北方偷來一匹照夜玉獅子馬來，想獻給晁蓋，結果被曾家五虎搶了去，害得晁蓋去打曾頭市反把命送了！可憐晁天王，為一匹馬送了一條命，真是不值！但段景住在宋江手下，再也沒去偷過馬，相反卻作為馬匹採購技術專家，負責買馬工作，為梁山馬軍的壯大貢獻不小。

其他的「下三濫」式的人物如色鬼矮腳虎王英、小霸王周通以及地痞孔明、孔亮等，也在宋江的教育引導下，去掉了不良習氣，規規矩矩地做事，最後都跟隨宋江走上了招安的康莊大道。

同樣的人，在官府眼裡是形如垃圾的「賊配軍」、「下三濫」，在宋江眼裡卻人人是人才。現代人力資源管理中有一句名言——沒有「平庸的人」，只有「平庸的管理」。每個人總是有長處的，高明的主管善於從每個普通的員工身上，發現有價值的東西，並加以引導和開發。

一位香港企業家認爲，經營管理人員有三個層次，第一個層次是商人，只做生意；第二個層次是企業家，擁有一份實業；第三個層次是組織者，是運籌帷幄的人。而組織家的最主要才能是善於把每個人安排到適當的崗位上去。

對於一個單位來說，必須有若干個有不同特長的人，才能使這個單位生輝。

在這方面涉及到因人設事還是因事設人的問題。這要分兩種情況來說，一種情況是事情（工作）已經確定。例如政府機關已確定職能和任務，這時要因事設人，按照工作任務的要求物色適合做這種工作的人員，而不能爲了安排某些人而設事。另一種情況是事情還未確定，可做這樣的事也可做那樣的事，這時可因人設事，有哪種特長的人才就安排哪種事。例如企業擇用了有某種技術特長的人，就可因人設立相應的技術開發部，充分發揮這種人才的特長，開發新產品，爲企業創造效益。

會用人的領導者，可以讓任何人都派上用場。

二、宋江是如何「招聘」人才的

有了人才標準，確立了正確的人才觀，下面的工作就是如何把人才從芸芸眾生中遴選出來，以進一步確認「人才」是否名副其實！這是人才的考察技術。而「考察人才」的第一項必備技術就是「面試」。

宋江不僅是一位統帥，也是一位好的「ＨＲＤ」（人力資源主管），更是一位好的「招聘面試官」。那麼，作爲一名「面試官」，宋江到底有什麼好的面試技術呢？

一是**觀顏相面識英雄**

宋江在柴進莊上偶遇武松，通過相面就看出武松是好漢。看廿三回的描述：「宋江在燈下看那武松時，果然是一條好漢。但見：身軀凜凜，相貌堂堂。一雙眼光射寒星，兩彎眉渾如刷漆。胸脯橫闊，有萬夫難敵之威風；語話軒昂，吐千丈凌雲之志氣。心雄膽大，似撼天獅子下雲端；骨健筋強，如搖地貔貅臨座上。如同天上降魔主，真是人間太歲神。當下宋江在看了武松這表人物，心中甚喜。」武松投柴進已經一年多了，柴進沒把武松當英雄，而宋江只見一面就認定武松是英雄，並結義為兄弟。武松後來果然幹出打虎、殺嫂、醉打蔣門神、血濺鴛鴦樓等驚天動地的壯舉來。

宋江在降了芒碭山樊瑞一夥班師回梁山途中，路遇段景住，只一面就看出段景住是個好漢，看《水滸傳》六十回的描述：「宋江見了段景住一表非俗，心中暗喜，便道：『既然如此，且回到山寨裡商議。』帶了段景住，一同都下船，到金沙灘上岸。」

宋江打了東昌府，勸降了沒羽箭張清，張清推薦了獸醫皇甫端。宋江也是一見面就認定皇甫端是好漢。看《水滸傳》七十回的描述：「宋江看了皇甫端一表非俗，碧眼重瞳，虯鬚過腹。皇甫端見了宋江如此義氣，心中甚喜，願從大義。宋江大喜。」在宋江的大喜之下，一百零八將最後一個好漢出場並隨宋江上了梁山。

宋江獨到的「相面」技術是瞎貓撞死耗子呢？還是有其科學依據呢？

其實在現代的面試中，也要講究「第一印象」，畢竟要讓對方瞭解你的內在美，需要很長的時間，而只有第一印象，才能讓人一目瞭然。

一、平常喜歡穿著隨意不修邊幅的人，會使人產生不尊重別人的感覺。活潑、鮮豔、式樣隨意的服飾，使人感到富有生活情趣，不拘一格。

二、人們對於穿戴整齊的人，總是較有依賴感的。衣冠不整、蓬頭垢面，讓人聯想到失敗者的形象。而完美無缺的修飾和宜人的體味，能使你在任何團體中的形象大大提高。

三、在服飾儀表方面，成功人士的衣著一般趨向保守和不逾越身分，並盡可能符合公司的要求。職業人員的服裝標準常常可以根據該公司經營的種類、產品或服務的性質、公司位置、公司歷史與傳統等等來確定。站在電梯或什麼出口處，比較一下進進出出的人們的衣著形象，可以感知他的職業和地位。對工作負責的人爲了自己的工作，不會胡亂穿衣。穿品質過得去的衣服，才具有成功者的形象。

四、過分裝飾打扮的人是沒有自信心的表現。一個應試者衣冠楚楚自然會令管理者賞心悅目，但要記住：華麗的外表未必能說明應試者本事的大小。公司需要的是人，而不是時裝模特或電影明星。一個穿著隨便的人也許會成爲公司業務發展的棟樑之才。

在識人的實際過程中，有些管理者往往被人才的外表和漂亮的言辭所蒙蔽，委以重任，結果是「一粒老鼠屎壞了一鍋湯」。因此，不以表取人，而以才用人，是管理者必須掌握的識人原則。爲了避免僅以外表識才的錯誤，較多、較好、較快地識別和發現潛人才，管理者必須注意以下幾點：

(1)聽其言識其心志

潛人才都是尙未得志，他們在公開場合說官話、假話的機會極少，他們的話，絕大多數是在自由場合下直抒胸臆的肺腑之言，是不帶「顏色」的本質之言，因而就更能真實地反映和表達他們的思想感情。

(2)觀其行看其追求

一個人的行爲，體現著一個人的追求。一個講究吃喝打扮的人，所追求的是口舌之福和衣著之麗；一個善於請客送禮的人，所追求的是吃小虧占大便宜；一個幹工作吊兒郎噹，伺候管理者卻十分周到殷勤的人，所追求的是個人私利，等等。任何一個人，一旦進入了自己希望進入的角色，就會爲了保住角色而多多少少地帶點「裝扮相」。只有那些處在一般人中的人才，他們既無失去角色的擔心，又不刻意尋覓表現自己的機會，所以，他們一切言行都比較質樸自然。管理者若能在一個人毫無裝扮的情況下透視出他的「真跡」，而且這種「真跡」又包含和表現出某種可貴之處，那麼大膽啓用這種人才，十有八九是可靠的。

(3)析其能辨其才華

潛人才雖處於成長發展階段，有的甚至處在成才的初始時期，但既是人才，就必然具有人才的先天素質：或有初生牛犢不怕虎的膽略，或有出淤泥而不染的可貴品格，或有「三年不鳴，一鳴驚人」之舉，或有「雛鳳清於老鳳聲」的過人之處。總之，既是人才，就必然有不同於常人之處，否則就稱不上人才。一位善識人才的「伯樂」，正是要在「千里馬」無處施展拳腳之時，識別出它與一般馬匹的不同，若是「千里馬」已在馳騁騰躍之中顯出英姿，何用「伯樂」識別。

(4)聞其譽察其品行

善識人才者，應時刻保持清醒頭腦，有自己的獨立見解，不受「語浪言潮」所左右。對於已成名的顯人才，不跟在吹捧讚揚聲的後面唱讚歌，而應多聽一聽反對意見；對於未成名的潛人才所受到的讚譽，則應留心在意。這是因爲，人們大多有「馬太效應」心理，人云亦云者居多，大家說好，說好的人越發多起來，大家說孬，說孬的人也會隨波逐流。當人才處在潛伏階段，「馬太效應」與他毫不相干。再者，人們對他吹捧沒有好處可得。所以，人們對潛人才的稱讚是發自內心的，是心口一致的。用人者如果聽到大家對一位普通人進行讚揚時，一定要留心注意。

二是**做好人力資源背景調查**

在現代人力資源招聘技術中，人才的背景調查變得越來越重要。特別是高級人才，背景調查更是必不可少的環節。因爲通過背景調查，可以確保人才資訊的真實性與可靠性，所以即使背景調查費時費力，但仍然値得去做。

宋江在人才的招聘與選拔過程中，也有意無意地運用了「背景調查」這一項技術。最典型的就是對一丈青扈三娘的背景調查。

宋江被劉高的老婆陷害，差點丟了性命。當時秦明、花榮、黃信造反，夥同清風山強人燕順、王英、鄭天壽，把劉高殺了。好色的、個子最矮的矮腳虎王英看上了劉高的老婆，想娶為壓寨夫人。不想被燕順殺了，雖然替宋江出了口惡氣，卻惹得王英不高興。宋江為了補償王英的「情色」損失，答應替王英找一個好老婆、說一門好親事。聽說扈三娘色藝雙絕，但為了確保自己「日後另娶一個好的」承諾不出差錯地兌現，還是對扈三娘展開了前後三次的背景調查。

第一次調查，調查者：楊雄、石秀；被調查的第三方人：鬼臉兒杜興。當然，這第一次調查是楊雄、石秀上梁山之前，作為準梁山好漢而開展的，事前並未得到宋江的授權，屬於「無心插柳柳成蔭」的背景調查。當楊雄、石秀、時遷結夥投奔梁山，途經祝家莊，時遷偷雞被捉，楊雄、石秀逃離祝家莊，來到李家莊找曾經被自己救助過的鬼臉兒杜興幫忙。杜興說起祝家莊的情況時，向楊雄、石秀二人介紹了扈三娘的情況——「西邊有個扈家莊，莊主扈太公，有個兒子喚做飛天虎扈成，也十分了得。惟有一個女兒最英雄，名喚一丈青扈三娘。使兩口日月雙刀，馬上如法了得。」美人一丈青第一次被世人所知。

第二次調查，調查者：石秀；被調查的第三方人：鍾離老人。楊雄、石秀上了梁山，詳細說了入夥的過程及時遷被捉的經過，當然其中包括一丈青扈三娘的情況，引得宋江帶領人馬來洗蕩祝家莊。因為祝家莊地形複雜，宋江派石秀、楊林扮作奸細潛入祝家莊打探情況。楊林一進莊就被捉，但是石秀卻通過鍾離老人打探到了祝家莊的一級機密。同時，向鍾離老人第二次對扈三娘進行了背景調查。且聽鍾離老人是如何說的——老人道：「只我這祝家村，也有一二萬人家。東西還有兩村人接應：東村喚做撲天雕李應李大官人；西村喚扈太公莊，有個女兒，喚做扈三娘，綽號一丈青，十分了得。」

第三次調查，調查者：宋江；被調查的第三方人：鬼臉兒杜興。宋江一打祝家莊失利，楊雄獻計，可去找李應李大官人幫忙。宋江親自登門拜訪李應，結果吃了閉門羹！管家鬼臉兒杜興接待了宋江，賠了許多好話，順帶著主動介紹了一下三個莊子的情形，把一丈青扈三娘的背景又一次主動介紹了一番——杜興道：「非是如此，委實患病。小人雖是中山人氏，到此多年了，頗知此間虛實事情：中間是祝家莊，東是俺李家莊，西是扈家莊。這三村莊上誓願結生死之交，有事互相救應。今番惡了俺東人，自不去救應，只恐西村扈家莊上要來相助。他莊上別的不打緊，只有一個女將，喚做一丈青扈三娘，使兩口日月刀，好生了得。卻是祝家莊第三子祝彪定為妻室，早晚要娶。若是將軍要打祝家莊時，不須提備東邊，只要緊防西路。」杜興不僅告訴宋江扈三娘如何英雄了得，還透露了扈三娘已訂婚祝彪的八卦消息。

宋江通過三次背景調查，已下定決心要把扈三娘搶來許配王英。一來還了自己對王英的欠賬；二來梁山多一個巾幗英雄；三來，以後梁山上的英雄們就會「男女搭配、幹活不累」了，對活躍梁山的氣氛是有好處的。所以，宋江二打祝家莊時，便抓了扈三娘上梁山，絕對是梁山人力資源優化配置的一招好棋！

背景調查最重要的是要確保結果的「真實性」！而要確保真實性，第一，被調查者必須是中立的第三方；第二，被調查者必須熟悉應聘者。宋江三次調查扈三娘，被調查者一個是李家莊的杜興、一個是祝家莊的鍾離老人，二人都不是扈家莊的，所以保證了第三方公正性；而二人所在莊子離扈家莊都不遠，彼此知根知底，所以熟悉情況，二人提供的資訊應該是可信的。

三是**通過「賽馬」術**

古代識別人才，最常用的是「賽馬」之術，一旦人才被發掘，發掘者便有「伯樂」之美譽！隨著時代的發展，現在的人才識別，越來越多地運用了「賽馬」技術，在實戰中檢驗人才。

宋江也曾在實戰中使用「賽馬」技術來識別人才。

病尉遲孫立投奔梁山，在三打祝家莊時使用連環計裡應外合立了大功，但武藝並沒有得到很好的展示。恰巧呼延灼率韓滔、彭玘征討梁山，梁山英雄與呼延灼大戰，給孫立提供了一次展示自己能耐的機會。這是最現實的「賽馬」！這場「賽馬」實戰中，呼延灼一開始並沒有擺佈連環馬，而是與林沖、扈三娘車輪大戰數十回合，最後與病尉遲孫立鬥了三十多個回合，引得宋江對呼延灼稱讚不已，對孫立也刮目相看。

且看《水滸傳》五十五回描述：「宋江見活捉拿得天目將彭玘，心中甚喜，且來陣前看孫立與呼延灼交戰。孫立也把槍帶住，手腕上綽起那條竹節鋼鞭，來迎呼延灼。兩個都使鋼鞭，卻更一般打扮！病尉遲孫立是交角鐵襆頭，大紅羅抹額，百花點翠皂羅袍，烏油戧金甲，騎一匹烏騅馬，使一條竹節虎眼鞭，賽過尉遲恭；這呼延灼卻是沖天角鐵襆頭，銷金黃羅抹額，七星打釘皂羅袍，烏油對嵌鎧甲，騎一匹御賜踢雪烏騅，使兩條水磨八棱鋼鞭，左手的重十二斤，右手重十三斤。兩個在陣前左盤右旋，鬥到三十餘合，不分勝敗。宋江看了，喝采不已。」

宋江看了呼延灼的實戰能耐，打定主意，一定要請此人上山，果然在後面的三山聚義打青州時讓呼延灼上了梁山。這一戰同時也是對病尉遲孫立這一加盟人才的能力進行了一次檢驗，要知道呼延灼後來是梁山馬軍五虎將，三十六天罡星排第八位，孫立在你死我活的實戰中能與之大戰三十多回合不分勝敗，足見孫立的水準是過硬的，這一戰也確立了孫立地煞星前三甲的地位。

鐵笛仙馬麟在黃門山歸順了宋江，一直沒有機會展示自己。宋江攻打祝家莊時，會使雙刀的馬麟遇到了同樣會使雙刀的一丈青扈三娘，馬麟逮著機會顯示了一下自己的實力。且看《水滸傳》四十八回的描述——「馬麟引了人卻奪王矮虎。那一丈青看見了馬麟來奪人，便撇了歐鵬，卻來接住馬麟廝殺。兩個都會使雙刀，馬上相迎著，正如這風飄玉屑，雪撒瓊花，宋江看得眼也花了。」馬麟這一戰讓梁山兄弟們刮目相看，很光彩地顯示了一下自己的實力。

同樣的，摩雲金翅歐鵬和馬麟一道在黃門山歸順梁山時，一直沒有機會展示自己。宋江二打祝家莊時，歐鵬也抓住機會露了一手，讓宋江喝采不已。——「歐鵬見折了王英，便提起刀來救。一丈青縱馬跨刀，接著歐鵬，兩個便鬥。原來歐鵬本是軍班子弟出身，使得好大滾刀，宋江看了，暗暗的喝采。」宋江這一喝采，歐鵬的能力檢驗自然也就過關了。

浪子燕青能名列三十六天罡，一直以為是沾了盧俊義的光。其實不然，燕青是有真才實學的，只是需要機會來檢驗。擎天柱任原是相撲高手，在泰安擺擂，挑戰梁山。梁山無人敢應戰，燕青挺身而出，智撲擎天柱，為梁山掙足了面子。《水滸傳》七十四回對這一段有精彩描述——「任原看看逼將入來，虛將左腳賣個破綻。燕青叫一聲：『不要來！』任原卻待奔他，被燕青去任原左脅下穿將過去。任原性起，急轉身又來拿燕青。被燕青虛躍一躍，又在右脅下鑽過去。大漢轉身，終是不便。三換，換得腳步亂了。燕青卻搶將入去，用右手扭住任原，探左手插入任原交襠，用肩胛頂住他胸脯，把任原直托將起來，頭重腳輕，借力便旋四五旋。旋到獻台邊，叫一聲：『下去！』把任原頭在下，腳在上，直攛下獻台來。這一撲，名喚做鵓鴿旋。數萬香官看了，齊聲喝采。」

燕青這一撲，證明了自己有足夠實力名列三十六天罡！

式。

總體而言，「賽馬」確實是檢驗人才、識別人才的最安全方式，也是最有效的方式。

海爾的張瑞敏在這方面可謂得心應手。讓我們來看看張瑞敏是怎麼做的。

(1)三種職業設計，讓每一個管理者都獲得體現自己價值的機會

張瑞敏曾經學習西方的先進經驗，但最後的事實就是「橘生淮南則為橘，橘生淮北則為枳」，被別的國家別的企業視為先進的經驗，在海爾卻壓根不靈，不但如此，還導致海爾內部組織癱瘓，幾十個億的損失向張瑞敏證明了此路不通。

無奈之下，張瑞敏只好改變思路。他開始意識到，無論哪一種管理模式，最終的目的都是為產品和客戶服務的，因此最大的問題在客戶，如何更好地為客戶服務，如何用最好的管道和方式為客戶服務，這才是迫在眉睫的問題。

儘管世界上有美國管理模式，也有日本管理模式、德國管理模式，但不一定都是適合中國的管理模式，這是張瑞敏無從下手的困惑之一。就像適合豐田的不一定適合海爾，適合海爾的不一定適合通用一樣，這個時候，福特公司的流水線給了張瑞敏一些啓示。

福特的流水線是把一個重複的過程分為若干個子過程，每個子過程可以和其他的子過程並行運作。張瑞敏終於明白，全球的品牌也等於全員的品牌，那麼要實現全員

的品牌就需要全員品牌戰略管理。比如美國超市的一線員工都可以創造用戶的需求，將品牌建設與傳播滲透到每一個細節當中。無獨有偶，日本的豐田企業也是將這一思想滲透到了企業管理當中，並且成爲豐田之道。

那麼，在海爾，是否也可以讓每一個員工，在工作的每一個細節中都樹立起海爾的品牌意識和服務觀念，將客戶的需要直接傳達到產品上，而不是層層回報、層層審批等傳統的管理程序？是否每一個員工都可以自己去設計和提供用戶的消費需要，而領導者則可以更多地爲員工提供更爲豐富的資源和支持？

張瑞敏想，這樣一來，不只是海爾高層，不只是海爾的產品，在海爾所能及之處，都可以體會到海爾所傳遞的品牌文化。

於是，海爾給每一個員工都搞了三種職業設計——一種是專門針對管理人員的，一種是針對專業人員的，一種是針對工人的。

每一種都有一個升遷的方向。「先造人才，再造名牌」，這是海爾的用人原則，人力資源部不是去研究培養誰、提拔誰，而是去研究如何發揮人員潛能的政策。

在這一點上，張瑞敏是把人首先作爲資源來考慮的，也就是說，每一個人都有他的才華，海爾的七萬多員工都是來自五湖四海，他們都曾從事著各個行業和各個專業的工作，但他們都把海爾當做他們的事業，都奔著海爾而來。從最初海爾還是一個街邊的小廠開始，到如今的家電行業的領頭羊，海爾的員工都和海爾融爲一體，與企業同呼吸、共命運，員工發展了，企業也發展了，員工凝聚了，企業強大了。

海爾人的素質包括品格以及功底、文化知識、基礎支持、數學技能、腦思維能力，都在海爾得到了很好的提高和拓展，每一個人都是人才，用人在於重視人的智慧，激發人的潛能，「人人是人才，賽馬不相馬，你能翻多大跟頭，就給你搭建多大舞臺。」海爾的標語是這樣寫的，他們也是這樣做的。

用事業留人，用感情留人，用待遇留人，前提都是尊重人才、尊重知識，更是尊重他們的勞動成果。

「如果一個幹部要負責更高層次的部門時，不是讓他馬上任職，而是讓他到崗位的基層去鍛煉一段時間，摸清情況並且能夠勝任才可以繼續任職。如果一個幹部已經到了很高的職位但他還缺少某方面的經驗，那麼也是讓他先下去學習，具備了綜合協調的能力之後，才可以去駕馭和管理更高的層次。對於一個幹部來說，這樣可能壓力更大，但這樣也培養了他的綜合能力。只有先蹲下，才能跳得更高，對領導如此，對員工也是如此，這樣做，不但是對每個人負責，更是對企業和大家的未來負責。」張瑞敏這樣解釋。

(2)人單合一，每一個人都是ＳＢＵ

我們知道，老鷹是世界上壽命最長的鳥類，不出意外可以活到七十歲，然而在牠四十歲的時候，牠的利喙變得又長又彎，翅膀覆滿亂蓬蓬的羽毛變得格外沉重。

這時，鷹會選擇一座高山，拼盡全力，用那又長又彎的喙不停擊打堅硬的岩石，直到那喙連皮帶肉地完全脫落，然後，牠要忍著痛，用新生的喙把老化的腳趾甲一個一個連根拔掉，當新的利爪長齊後，牠又要一根一根把翅膀上的羽毛拔除……在淋漓的鮮血中浸浴了一百五十天後，又站立起一尊滿身鮮亮、精神抖擻的形象。

張瑞敏也經歷過這樣的過程，無比痛苦。當市場和企業發展到一定階段的時候，每一個企業領導就必須做出選擇，要麼改變，要麼固守。誰都知道，固守下去就會像老鷹一樣提前結束自己的生命，而要改變，是一個龐大的工程。

瞭解市場、擁抱市場、創造市場以及持續地擁有市場，這樣的任務和責任用傳統的眼光來看，都是屬於企業領頭人的，與做基礎工作的員工絲毫搭不上邊，可張瑞敏硬是改變了這樣的格局，成了第一個「吃螃蟹的人」。這是張瑞敏對海爾未來全球競爭力之源的最新思考與創新設計。其間，包含了遠見、睿智與勇氣。

在企業中，有一些訂單無人理會，成爲名副其實的「孤兒訂單」，有一些庫存和應收都因爲追查不到責任人而丟棄在一邊。長期以來，市場和訂單脫離，員工價值和產品脫離，滋生惰性，推卸責任，這些負面的情緒時刻都在影響著企業的市場和未來。

張瑞敏意識到，只有把每一個人和市場結合到一起，他才會瞭解市場，知曉消費者的購買需求，同時也在資訊的互動中設計和創造出更大的市場。這樣企業不是某一個人的企業，產品不是某一個人的產品，而是和每一個人都息息相關。

「人單合一」就是在這樣的情景下提出來的。張瑞敏提出，訂單就是市場，人的素質決定著訂單的品質，訂單的品質決定著市場的價值，因此，市場的價值還是靠人的素質來體現，那麼就應該讓每一個人都成爲創造市場的ＳＢＵ（戰略事業單位），讓每一個人都對市場進行經營。

在產品品質上追求精益求精，在產品生產上「人單合一」，這樣可以實現零庫存、零距離、零逾期。零庫存和零逾期其實也就是直接行銷到位，直接發運，服務到位。

張瑞敏說：「以前促銷的時候，是在賣庫存，而行銷一開始研究的就是市場需求，配合客戶的需要下訂單，這個訂單需要每一個員工依據客戶需要和客戶一起研究。因此，行銷就不是銷售人員的事了，而是設計人員、製造人員、銷售人員甚至管理人員都必須要去面對客戶做的事情。」

這是海爾爲了成爲真正的國際名牌而提出的一種新的國際化戰略，也是其實現持續發展的新模式。張瑞敏賦予了這四個字以一種相當高的地位：「海爾模式，就是『人單合一』！」

三、名人效應——辨證看待宋江的「學歷用人觀」

在宋江的心目中，那些出身於官府的正直官吏、出身於軍隊的各級軍官，是宋江最爲看重、也願意花大力氣引進的人才。在梁山泊一百零八將中，包括宋江在內，三十四人來自官府或官軍降將，占梁山好漢總數的百分之三十一。其中，天罡星級別的頂級人才有十九位。在英雄排座次以後封的馬軍五虎將，五人全是原來朝廷的高級軍官；馬軍八驃騎兼先鋒使八人中，前六人全是官軍降將。這說明，科班人才不僅是宋江心目中的重要人才，而且還是宋江實施戰略抱負的倚重力量。

那麼，宋江爲什麼對科班出身的降將們予以高度重視並充分倚重呢？主要原因有以下幾點：

一是戰略需要。

宋江自小就受儒家影響，特別是在其父宋太公的言傳身教下，一直把忠君報國作爲自己的崇高理想和畢生奮鬥目標。殺了閻婆惜以後，宋江寧願到江州服刑也不願去梁山落草。被逼上梁山以後，也只把梁山當作人生的一個「驛站」而非「終點站」。不論逃難還是上梁山，宋江一直沒有忘記他的理想抱負。上梁山以後，更是把「替天行道、忠義報國」逐步確立爲梁山未來的戰略目標。

而要實現這個戰略目標：第一，要走招安路徑；第二，要有隊伍跟著他幹事。從這個戰略需求出發，有官府背景的正直官吏和有官軍背景的各級軍官，以及願意爲朝廷效力的地主、員外（如盧俊義、李應等）就是最好的可用之才。首先，這些人骨子裡願意報國，將來招安時他們一定會支持。

其次，這些人的個人理想和宋江的戰略思想相吻合，屬於「志同道合類」的。再次，對那些被官府逼得走投無路的軍官來說，利用宋江這個平臺可以重新實現「一刀一槍搏個封妻蔭子」的夢想，當然願意爲宋江效犬馬之勞了。

最後，有什麼樣的戰略就需要什麼樣的人才。「接受招安、報效國家」的戰略就要求有同樣需求的、來自科班的「正統」人才。綜上，宋江把科班當作人才的首選搖籃，一來是基於他「正統」的人才觀念，二來爲受招安鋪平道路，三來爲「忠義報國」積蓄最可靠的力量。

二是科班能力強。中國古代官方人才選拔機制主要是科舉制度，科舉制度從隋朝大業年間開始實施，一開始是選拔文官。西元七〇二年武則天當政時期，首開「武舉」考試制度，考試內容爲射箭、馬術、負重等。宋朝建立後，進一步規範了武科舉制度，考試內容除了武藝和體力外，還考「策論」。王安石變法後，正式確立「武科舉」考試三年一次的制度，考試內容爲「騎術」、「射術」、「兵法」和「對策」。通過考試被錄取的人，優等的送入樞密院當軍官，其餘的送入「武學上舍或外舍（相當於現代的軍校）」學習。從中可以看出，出身「科班」的軍官都是在騎術、射術上面武藝高強的人，有的甚至是文武全才。根據宋朝的武舉制度，能有資格帶兵征討梁山或充當戰將的，絕大多數應該是出身武舉的「科班」。這些人騎術、射術、兵法都臻上乘，當然是一等一的人才啦！

出身官吏的宋江對這樣的人才當然熟悉，所以對官軍的降將，宋江一概重用。梁山一百零八將中，五虎將全是「科班」出身的馬軍，騎術當然都了得。八驃騎中，六個軍官出身的降將也都是馬軍，馬術、箭術都甚了得。

三是科班經驗豐富。梁山在受招安以前，與北宋朝廷處於你死我活的敵對狀態，敵對狀態的雙方，軍事對壘是不可避免的。要打仗，必須有經驗豐富、能征慣戰的人才、將才、帥才。而科班出身、征討梁山的那些軍官們，很少有愣頭青，大多數都是在邊疆、州郡、關隘打拼了一段時間的軍事人才。他們在經常性的臨敵征戰中，積累豐富的軍事鬥爭經驗，而這些經驗在梁山與官軍對壘時非常需要。宋江攻城需要分兵攻打四門時，除了他自己以外，另外三個地方的領軍人物多半是科班出身的降將，如林沖、關勝、秦明、花榮等人。其實，不獨宋江喜歡有經驗的科班出身的人才，就是現代的人才市場，那些有五年以上實戰經驗的科班人才，不是還沒擺上「貨架」就被各位ＨＲＤ、ＨＲＭ搶劫一空？

四是打擊「敵人」。把科班出身的軍官、降將奉爲上賓，還有一重要的作用：打擊「敵人」。具體來說就是：第一，打擊敵人的力量。宋朝的武舉三年一屆，每屆選一百人。投降一個上梁山，朝廷的武裝力量就減少一個，這是「彼消此長」的買賣。

第二，打擊敵人的士氣。關勝、呼延灼這樣的大將、上將都投了梁山了，官軍還會有士氣嗎？肯定會一落千丈的，沒士氣的軍隊能打得贏嗎？

第三，打擊敵人的信心。關勝、呼延灼、秦明、花榮、索超這樣的一等一英雄都歸了梁山，官軍還有信心和梁山對壘嗎？還能拿什麼和梁山對壘？沒有了衝鋒陷陣的將才，如何打得贏？人才都上了梁山，童貫兩敗、高俅三敗，也就是必然結果了。

第四，起到了很好的「羊群」示範效應。秦明投降了，黃信也就降了；關勝降了，索超也就歸順梁山了……這樣的羊群效應對「引才」將發揮巨大的示範作用。

當然了，科班出人才，但不代表人才一定出身科班，學歷和能力是同樣重要的。時下社會中有這樣一種不正常的現象，許多用人單位的領導者在招聘人才的時候，動不動就非名牌大學畢業生不用。其實，學歷並不是衡量一個人是否真正有才能的惟一標準。作領導者的，千萬不要被學歷遮住了選拔人才的視野。

索尼公司的創始人盛田昭夫是一位世界聞名的企業家，他曾經寫過一本總結自己領導經驗的書——《讓學歷見鬼去吧》。他在這本暢銷書中這樣說道：「我想把索尼公司所有的人事檔案燒毀，以便在公司裡杜絕在學歷上的任何歧視。」不久之後，他就真的將這句話付諸實施了，此舉使一大批人才脫穎而出。

索尼公司有這樣的宗旨：信奉唯才是用，而不是唯文憑而論。尤其是對科技和管理人員的考核使用，主要是看他們的實際才能怎麼樣，而不是僅僅注重其學歷和出身。公司錄用人員不管什麼工種，無論職務高低，都要進行嚴格的考試。分配工作或提升職位時，主要依據他考試成績的好壞和在實踐中所表現出來的能力。索尼公司能夠做到這一點，在當今這個高度重視文憑的時代，的確是難能可貴的。

而恰恰因為索尼公司能夠拋開文憑標準，堅持不拘一格地選拔人才，才使索尼公司逐步形成了一支龐大的科技和管理人員隊伍。

在索尼公司發展到了一萬七千多名雇員的時候，科技人員就達到了三千五百多人，占職工總數的百分之二十二；管理人員則有一千多人，約占百分之六。在科技人員當中，科研人員、設計人員、製造技術人員各占三分之一，從而實現了人才結構的大體平衡。在總公司設有中央研究所和技術研究所的情況下，研究人員不僅負責開發研製新的產品，還要在理論上加以探討和研究。索尼公司全力在科學技術上進行投資，每年的研究金額占到總銷售額的百分之七，而許多公司只占百分之三至百分之五，這也難怪索尼公司能夠在新產品的開發上遙遙領先了。

此外，索尼公司還特別重視選拔具有高度創新精神的經理。

在選拔高級管理人員這個問題上，盛田昭夫有自己的獨特方法。他們從不雇傭僅僅勝任於某一個職位的人，而是樂於啟用那些有不同的經歷，喜歡標新立異的闖將。有一次，索尼公司聘用了一名高級職員，完全是因為這個人剛剛出版了一本英文詩集。

索尼公司也從來不把能人固定在一個崗位上幹到老，而是堅持人才的合理流動，為他們能夠最大限度地發揮個人的聰明才智提供機會。正是在這樣的一種人才管理制度之下，索尼公司的員工都特別樂於承擔富有挑戰性的工作，從積極進取到奮勇爭先，整個企業始終充滿了生機和活力。

當然了，我們說不能只憑學歷取人，並非完全否認學歷的重要性，盛田昭夫所強調的也是要以能任人、憑才任人，而不要局限於他的學歷。

裕隆集團創始人吳舜文，是企業界著名的女強人，憑一介女流的柔弱肩膀挑起了規模巨大的集團經營，她領導的裕隆集團，包含裕隆汽車、台元紡織、文生開發等諸多大型企業。

她在用人之道上頗有過人之處，她注重部下的才能，主張用人惟才。裕隆汽車中心是她的新開發專案，是集團發展的又一重大步驟，由誰來掌管這一機構成了吳舜文必須作出的重大抉擇。最後她力排眾議，選定了宋信。

宋信是中央大學工學院院長，專長在於航空領域。這一點曾被企業界人士多次拿來取笑：一個造飛機的，對汽車一竅不通，怎麼來造汽車呢？而且宋信又不擅言辭，看似並不具備領導者的素質。吳舜文沒有為輿論所左右，她通過多方考察，認為宋信領導有方，經驗豐富，應變能力強，思維敏捷，正符合此中心負責人的條件，儘管不擅辭令，但這不影響他內在才能的發揮。

吳舜文的判斷是正確的。五年時間內，宋信帶領部下刻苦攻關，終於生產出「飛羚一〇一」，被稱為中國人自己生產的「世界一流水準汽車」。

學歷只是學習經歷的一種證明，並不能真實地反映出一個人的實際能力，一個人文學科的畢業生很可能還是一個電腦高手。所以，作爲領導者的你一定要擦亮眼睛，給你的下屬找一個合適的位置，讓他盡情發揮自己的才能。

帶隊伍：宋江「得民心」的三個優勢

眾所周知，梁山好漢中絕大部分都是浪跡天涯的英雄好漢。可在宋江面前卻唯命是從，不敢惹他半點生氣，這說明了什麼呢？

宋江是如何得到「團隊成員」認可，並讓大家心甘情願爲他賣命的呢？

其實，宋江的帶隊法則，可以簡單概括爲三個字——「得民心」。

所謂的「得民心者得天下」，這也是現代管理的目的。只有讓員工感覺到「和諧化、人性化、家庭化」的管理氣氛，才能讓員工爲之拼命，爲之努力工作，從而才能促使大家更快地完成業績，超額完成指標。

工作中，一些時常感嘆員工不努力的領導，可以從宋江身上學習一些「得民心」的「帶隊伍」方法。

一、通情達理，下屬都喜歡「大方」的領導者

宋江認識一個打更的老頭，因為經常吃他的早點，宋江就打算用劉唐贈他的金子給老人養老送終。由此可見，宋江出手極其大方，而在管理中，最難得就是遇上不僅通情達理而且出手大方的領導者。

我們時常會聽到員工抱怨：「今天又扣我工資，真煩！今天本來不用上班，又得加班，還沒加班費……」很多領導者覺得這些事情理所應當。可事實上，長此以往，員工不僅不會拼力做事，更會在找到好的「歸宿」後毫不留情地離開。所以領導者首先應該在合適的情況下，給員工一些補助或獎勵，讓他們真正地感受到公司的人性化。

當然了，很多領導者會抱怨，福利薪酬往往是「眾口難調」，自己「有心無力」，但是至少作爲一個領導者，個人應該做到「該大方時就大方」，「一毛不拔」的領導者是不會得到下屬喜歡的，而生活上過分吝嗇的領導者，大家會想當然地覺得，他們在工作上也不會懂得獎賞下屬，於是下屬常常會抱怨。

很多領導者，尤其是中層領導者，也是靠工資吃飯，儘管工資會高一些，但生活開支可能也會水漲船高，因此，從節省和生存的角度出發，要自掏腰包犒勞部屬也許

會三思而行。但對於一個領導者，不能因爲自己的生活計畫和開支而忽略了對下屬的「大方」。

中國人向來講究禮儀尊重，「好禮饋贈，請客吃飯」是一種傳統。所以，領導者至少應該做到在工作之外和下屬吃個飯；出差回來，帶給下屬一點特產，給下屬一個小小的驚喜；尤其是在一項重要的工作完成以後，或者加班到很晚，或者一個特別的日子需要慶祝，領導者都可以有所表示。一個不注意「大方」的領導者，工作上必定談不上如魚得水。

要成爲優秀的領導者，就不能給人一種小氣的感覺。要向宋江學習，敢於大方，懂得大方，不要過分注重物質方面的東西，能奉獻的儘量奉獻。比如，公司發了一些禮品什麼的，哪怕每一個人都有，身爲領導者，應該先拿出一些來分享。又或者，過年後開工一般都有給紅包的風俗，作爲領導者，不管金額多少，這種形式不可缺少。做領導者的可以不在乎，但下屬會在乎。

最常見的還是，作爲領導者和下屬常常會有些矛盾，領導者可以找個機會和下屬一起吃頓飯，或者在KTV一起高聲歡唱，可能就什麼問題都沒有了。相逢一笑泯恩仇嘛，一個小小的快樂，一個不經意的禮讓，就可以前嫌盡釋，和諧如初。何樂不爲呢？

二、隨和，親和力比什麼都重要

宋江很少向梁山兄弟發怒，多是邁著急促的短步，面帶微笑地應對每一個人。這也是一個關鍵因素，宋江身上散發的親和力是人際關係能力的綜合體現。現實的管理中也是一樣。身為領導者一定要學會「隨和」，「隨和」一方面表現為主動控制人際交往，另一方面表現為被其他人所認可。

《哈佛商業評論》曾經分析了人們如何選擇工作夥伴，結果顯示人們在辦公室中選擇搭檔主要依據兩條標準，一是工作能力（張三知道該怎麼幹活嗎），二是親和力（和張三一起幹活有意思嗎）。而很多情況下，親和力要比工作能力更加優先。人們更傾向和自己覺得親近的人打交道。這也是宋江成功的一個重要原因。

有些領導人不瞭解這一點。對他們來說，說一聲「你早！」來跟別人打招呼，都顯得是那麼多此一舉。他們只會點頭或低哼一聲，表示知道你在那裡了；就是跟你打招呼，也是一副勉強的樣子。而有的領導人認爲一定要跟別人喝酒談笑，才算親切。這雖然不錯，但不能經常爲之。

「親和力」是一種難以捉摸的品質。它並不意味著你必須始終保持自信滿滿、陽光燦爛、歡樂開懷的狀態。讓我們具有「親和力」的因素因人而異，從某種程度上來說，「親和力」的標準存在於旁觀者的意識中。不過，對大部分人而言，產生親和力的一些基本因素還是相同的。我們對此作了一番概括：

一、做真實的自己

不要去扮演不真實的你，別人會很快看穿你的僞裝，並失去對你的尊敬。尋找自己性格中的美好，發現自己的優點，努力做好真實的自己，而不是努力披上更好的僞裝。

二、首先要喜歡你自己

宋江其貌不揚，武功低微，但他一直沒有爲此糾結過。他從不把自己無法改變的「短板」當回事，甚至聽到別人叫他「黑三」時，他也樂得自嘲。這說明一個領導者首先要喜歡自己，如果你對自己的印象很差，就不要指望別人會喜歡你。嘗試進行積極的自我對話，用一些真實的成就來鼓勵自己，從而獲得真實高效的動力，鋪平通向成功的道路，在路上不斷自我鼓勵，最終將夢想實現。

三、印象就是現實

別人在你的腦海中有著怎樣的印象，那就是他們對你而言的現實。反之亦然。給別人留下一個好的第一印象，要遠遠比扭轉一個壞印象容易。給別人留下好印象的同時，也就讓別人感覺到了親和力。

四、在你所有的行動中散發出能量

你付出多少，你就能收穫多少，你的行爲決定了你給予別人的是鼓勵還是嘲諷。如果你散發出的能量真實而可愛，即使面臨困難和挑戰也不放棄，那麼成功總會降臨。

五、好奇心會害死貓，但對溝通無害

展示你對他人的工作、生活的興趣，換句話說，關切詢問是與別人開始一段談話的最好方式。保持你的好奇心，能夠讓你更有親和力。當然，你要注意讓問題迎合對方想說的話，而不是問強人所難的問題。

六、讓傾聽變成理解

如果你想讓別人理解你、喜歡你，你必須先真正傾聽對方，理解對方想要說的。不要忘了，好的傾聽不光要用到耳朵，還要用到眼睛和其他一些肢體語言。

七、讓別人看到你和他們有多麼相似

尋求一些共同的興趣愛好和背景，分享一些經歷和信仰，你就能找到他人和你的相似之處，幫助你建立與他們的良好關係。因爲人們喜歡和他們相似的人。

八、在別人腦中留下積極的記憶

相比之下，人們更容易記住你給他們帶來的感覺，而不是你說了什麼。如果你讓別人感覺到了威脅、木訥、笨拙，或者在其他方面讓別人感覺不舒服，那你就很難讓他們覺得你有親和力。

九、**付出時不要計較回報**

有無數種方法可以不計回報地幫助別人，包括介紹新人、分享資源、幫人所難、提出忠告。付出得越多，你自然會收穫更多。

十、**要有耐心，不要急功近利**

有親和力的人，不會要求每次互動都取得效果。努力的結果不一定會馬上顯現，應該開放看待每一次能夠改善形象的機會，無論是否立刻見效。

◆延伸閱讀◆

從排名看宋江如何平衡梁山派系

梁山最大的派系無疑是宋江自己的派系。宋江的嫡系主幹是由三部分組成的，第一部分是他嫡系的嫡系，這包括宋江上梁山前的好友兄弟花榮、吳用、朱仝、雷橫、他的親弟弟宋清，以及江州大牢裡曾經同生共死的戴宗，還有小跟班李逵，還有他的徒弟孔明、孔亮，及貼身護衛呂方、郭盛。

第二部分是依附宋江的小派系。主要是青州的降將秦明、黃信，其中秦明是花榮妹夫，這層關係，秦明似也可以歸入宋江嫡系的嫡系。清風山的燕順、王英、鄭天壽，加上後來嫁給王英的扈三娘。揭陽鎮的李俊、李立、穆弘、穆春、張橫、張順、童威、童猛、薛永、侯健。黃門山的歐鵬、蔣敬、馬麟、陶宗旺。這些都是宋江直接招募來的。

第三部分就是間接投入宋江派系的人馬，如自己來投奔的石勇，戴宗招募來的楊林，李逵招募來的湯隆、焦挺、鮑旭、朱富等，總共三十八人，占梁山組織的三分之一。值得一提的是，以李俊為首的揭陽鎮派系，共有十人，雖然依附宋江，但即使單獨獨立出來，也可以算是一個相當有實力的派系。

梁山的第二大派系是魯智深的三山系統。三山原指二龍山的魯智深、楊志、武松、施恩、曹正、張青、孫二娘，桃花山的周通、李忠和白虎山的孔明、孔亮。但是考慮到孔明、孔亮是宋江的徒弟這層關係，而且兩人在梁山上又一直擔任老大的貼身侍衛，所以應該歸在宋江嫡系。相反，少華山的史進、朱武、陳達、楊春同魯智深的關係更為密切，所以三山應指二龍山、桃花山和少華山。這個派系有十三人。其中武松同宋江淵源很深，早在柴進莊上，武松就為宋江所籠絡。

梁山的第三大派系則是原梁山的晁蓋系統，晁蓋死後，林沖就是這個派系的老大。他們就是宋江上梁山初坐左邊的那九個頭領，林沖、劉唐、阮小二、阮小

五、阮小七、杜遷、宋萬、朱貴、白勝。其中，朱貴同宋江嫡系的朱富是兄弟。這個派系是資格最老、對梁山貢獻最大的派系。其中劉唐、三阮都是和吳用一起劫生辰岡的生死兄弟，同宋江也頗有淵源。而林沖同三山系統的老大魯智深則是生死之交。這個派系共有九個人。

梁山的第四大派系是降將派系，主要是幾次政府征討梁山和梁山主動攻擊政府軍時被梁山收服的政府軍軍官。林沖、秦明、花榮等雖然也是前政府軍軍官出身，但是同梁山另有淵源，所以不算在降將派系中。這個派系比較鬆散，名義上的領袖是大刀關勝，是由三個小派系組成加上雙槍將董平。三個小派系是呼延灼派系、關勝派系和張清派系。

梁山的第五大派系是盧俊義派系。盧俊義上梁山的日子不長，但是還是有自己的班底的。主要成員是忠心耿耿的燕青，在北京坐大牢結下生死情誼的石秀（石秀同盧俊義的關係可比戴宗同宋江的關係），以及幫助他的蔡福、蔡慶兄弟。楊雄、時遷同石秀是一體的，所以因為石秀的關係，這兩人也歸在了盧俊義的派系。盧俊義派系共有七人。

除此之外，梁山還有不少小派系。比如孫立的登州派系，這批人就是三打祝家莊時投奔梁山的解珍、解寶、孫立、孫新、鄒淵、鄒潤、顧大嫂、樂和等八人。這個派系的人數不少，但缺乏重量級的人物，所以只能算個小派系。

另一個小派系是公孫勝派系。主要班底是芒碭山的樊瑞、項充、李袞三人。因公孫勝收了樊瑞為徒，所以芒碭山這一派應該歸入公孫勝旗下。公孫勝同吳用和晁蓋派系淵源極深，本人又是個奇能異士。雖然在梁山的地位很高，但本人是修道之人，為人十分低調，所以這個派系也十分低調。

還有就是飲馬川派系，共有裴宣、鄧飛、孟康三人。這個派系是宋江嫡系的嫡系戴宗引入梁山的，亦可視為依附宋江嫡系的一個小派系。

李應和杜興雖然只有兩人，但是也應該算一個小派系——代表李家莊。該派系的杜興同盧俊義派系的楊雄淵源很深，李應本人的背景和遭遇同盧俊義極為相似。所以這個小派系應該是比較靠近盧俊義的，勉強也可以視為盧俊義的人。

剩下的是相對比較獨立的十名好漢，他們是柴進、徐寧、蕭讓、金大堅、安道全、王定六、李雲、皇甫端、郁保四、段景住，但也不是孤立的。柴進名滿江湖，對很多黑道分子都有恩，在梁山直接受過他恩惠的就有宋江、林沖、武松三個重量級人物，所以他的地位非常超然。徐寧是表弟湯隆騙上梁山的，本人身為前政府軍軍官，應該同降將派系比較接近。蕭讓和金大堅則是戴宗引入梁山的，這兩人同宋江嫡系關係應該相對比較近。而安道全和王定六是張順引入梁山的，其中王定六是自願的，而安道全是被脅迫的。李雲是朱富夥同李逵脅迫上梁山的。皇甫端是張清引入的，所以應該同降將派系關係比較好。郁保四原是梁山的敵人而被自己老大出賣，並在梁山的利誘下上的梁山。段景住則是自己來投奔的梁山。

從這十名比較獨立的好漢來看，技術性的人才占了大部分，比如徐寧就是鉤鐮槍的軍事技能專家，蕭讓是個書法專家，金大堅則是個篆刻專家，安道全是個醫生，皇甫端是個獸醫，而段景住是個相馬專家。從這個角度來看，也反映了凡是專門的技術型人才，一般比較少牽涉到派系中去。

宋江的這個排名，基本上是綜合了各種因素的一個平衡的產物，主要考慮到各派系的平衡、上梁山前的身分和與自己的親疏程度，當然也兼顧各人的本事、資歷和對組織的貢獻。

我們根據這個標準來看看梁山三十六名天罡星的組成。

宋盧吳公孫四大天王的排名比較簡單，爭議比較少，也是眾望所歸。老大宋江就不用說了，這個排名就是他搞出來的，總不會把自己排在別的位置上。老二盧俊義則是宋江為解晁蓋遺言的接力捧為二把手的。再說盧俊義自己也爭氣，本人的家世武功，加上生擒史文恭的功績，足以使他確立二哥的地位。吳用、公孫勝原本就是梁山的三、四把手。吳用是組織的軍師，宋江的大部分決策就是吳用襄助的。公孫勝有特異功能，宋江的這套把戲是瞞不過這位江湖人的，再說公孫勝的妖法恐怕宋江也要忌憚三分的。

排名第五的關勝是降將派系的精神領袖，也是擁有六人的關勝派系的頭。關勝是投降梁山的前政府軍官階最高的，身為野戰軍少將司令。同時家世顯赫，據稱是關公的後代。再加上武藝高強，應該是梁山上除盧俊義外，武力最強的。

排名第六的林沖是後晁蓋派系的頭，對梁山的貢獻無出其右，而且資格很老。林沖是前政府軍中校軍官出身，身為八十萬禁軍教頭，武功高強，在梁山應該是僅次於盧俊義和關勝的，同秦明、呼延灼一個水準。宋江能夠在晁蓋死後代理老大位置，林沖的勸進功不可沒。

排名第七、第八的秦明和呼延灼都是前政府軍大校軍官，身分很高。秦明因花榮的關係，為宋江的嫡系親信。而呼延灼是降將派系的重要人物，在關勝上山前是這個派系的頭，同時也是他那個四個人的小派系的頭。同時秦明和呼延灼的武功同林沖相當，也是梁山一等一的高手。關勝、林沖、秦明、呼延灼還有董平，是梁山的五虎上將。

排名第九的花榮，是前政府軍校軍官，級別低於秦明、呼延灼。武功雖不如五虎上將，但是個神箭手。花榮是宋江嫡系的嫡系，當年為宋江不惜棄官造反。宋江對於自己嫡系的嫡系總是特別照顧的，所以排名第九。

前朝宗室出身的柴進是梁山上出身最高貴的好漢，也是唯一擁有同宋江一樣全國性知名度的江湖老大。受過柴進恩惠的江湖人物不計其數，梁山上就有宋江、林沖和武松。梁山的創立也受過柴進的幫助。按柴進的身分，在梁山排進前五應該不成問題。不過柴進在梁山沒有派系增援，所以僅排名第十，在花榮之後。

排名十一的李應是世家子弟，也是獨龍崗的黑道老大之一。上梁山後一直主管梁山的後勤，地位較高。李應本人為豪門大戶，世家弟子出身，武功不弱，自己的小派系雖然只有兩人，但是由於楊雄的關係同盧俊義比較接近。李應排第十一位，也有照顧到盧俊義的面子。

朱仝能排十二位，完全就是宋江在酬勳自己的親信。朱仝同宋江的關係可以追溯到宋江在鄆城縣當科長的時代，那時兩人就是好友，朱仝甚至救過宋江。朱仝出身僅為一個刑警隊長，沒有什麼十分出眾的武力，在梁山也沒有什麼出眾的功績。第六十九回朱仝和雷橫兩人夾攻沒羽箭張清，還是被張清打敗。能排名第十二，主要原因還是因為是宋江嫡系的嫡系。

第十三位的魯智深，是梁山第二大派系三山系統的老大。魯智深是前西北邊防軍少校營長出身，本人的武力又同林沖等相當，身為擁有十三人的梁山第二大派系，排在第十三位多少是被宋江打壓的。宋江對魯智深的顧忌不是沒有道理。魯智深同後晁蓋派系的林沖是生死之交，兩大派系合流的話，對宋江的挑戰很大。同時魯智深雖然表面粗魯，但實際上心計還是很深的。換言之，與林沖不同，魯智深是有老大氣質的人物，是在梁山上為數極少的能給宋江構成威脅的人物。所以對於整個三山系統，宋江是懷柔的，十三人中，四人在天罡星排名都不低，最低的史進排在廿三位，而對魯智深這位關西好漢，宋江僅給了排名十三。

排名十四的武松和魯智深同屬三山派系。武松同宋江很有淵源，早在柴進莊上就被宋江收服並結為兄弟。所以雖然武松在三山系統上的地位在楊志之後，因同宋江的這層關係被提到了第十四位，一方面宋江有籠絡三山派系的意思，另一方面未嘗沒有重用武松制衡魯智深的意思。武松雖有打虎英雄的美名，但武力未必強過排名十七的楊志，楊志是能跟林沖戰個平手的人物。論出身，武松僅為一縣刑警隊長，而楊志卻是名門楊家將的後代，本人擔任政府軍少校營級軍官。

排名十五、十六的董平、張清起點比較高，均為前政府軍上校總隊長，武功高強。張清的武力應高於董平，不僅連敗徐寧、楊志、劉唐等人，他的飛石絕技甚至連關勝都討不了好。而董平卻同徐寧鬥了五十多回不分勝敗，雖然董平略占上風。不知道為何，施耐庵將董平排在張清前面。董平進五虎將多少給人有點湊數的感覺，似乎張清進五虎將更有說服力。可能是因為張清打傷的好漢比較多，一般臉上挨一石子多半要破相，所以張清在梁山組織內部結怨的人比較多，《水滸傳》上說張清打了梁山十五人，被抓的時候，好多兄弟都要求殺了他。宋江也多少考慮到這些情況，略微揚董貶張了一下。從出身、武功上看，董張兩人排在這個位置，還算公平，畢竟這兩人是最後降的梁山，可以說毫無寸功。

沒有什麼派系色彩的徐寧排名十八的原因是，對梁山的貢獻重大。徐寧的鉤鐮槍破了呼延灼的連環馬，是梁山組織第一次打敗前來圍剿的政府軍的關鍵。梁山不僅生存下來了，還收復呼延灼等一眾前政府軍將領，可以說徐寧是挽救梁山的關鍵人物。徐寧上梁山前是林沖的同僚，是少校教官，武功也不弱，比他強的都已經基本上排在他的前面了。宋江給他這個位置，多半還是不願打破派系平衡的考慮，而安排一個沒有派系色彩、各方面都能接受的人物。

排名十九的索超原是北京大名府的上校軍官，武力同楊志相當，屬於降將派系的。其出身、本事及所屬派系，排個第十九位算是很合理的。

排名二十的戴宗是宋江嫡系的嫡系，又和吳用關係很深，同宋江更是在江洲大牢中同生共死，這個生死情誼，使得戴宗在梁山的地位始終很高，擔任梁山情報機構的總特務頭子。戴宗實際上本事並不大，特技就是他的神行術。但是梁山像戴宗這樣有一門特殊技能的有好幾個，比如醫術高明的安道全、善於造假圖章的金大堅等，其身分都不高，所以有一技之長並非一定能保證有一個好位置。但是當領導者要有意提拔你的時候，你的一技之長就派上大用場了。論出身，戴宗是前江州監獄長，還算可以，但是同樣身為北京監獄長的蔡福僅排在九十四位。論情報工作的能力，戴宗比之石秀、燕青差遠了，甚至連玩票的柴進都比不上。

這等人物能排進二十位，說到底還是靠著宋江這座大山。

梁山組織的前二十名，可以說無一白丁，個個不是前政府官員，就是世家子弟，或是神功大師。只有吳用出身稍微差一點，但也至少是個鄉村小學教師，都不算是社會底層出來的。從廿一位開始，就開始有底層勞動人民出身的人物了。

排名廿一位的劉唐，純粹是出於派系平衡的考慮。劉唐是無業遊民出身，可以說是社會地位最低的。他的本事並不出眾，但是考慮到前二十位內晁蓋派系的僅林沖一人，無論如何也應該排個該派系的人物了。而劉唐歷史上就排在這個派系的第二位，在三阮之前，當初生辰綱案發，晁蓋一夥上梁山後，劉唐曾梁山月夜下給宋江送過一百兩金子，因這層關係，劉唐同宋江也算是有個臉熟。綜合各種因素，劉唐就排到了第廿一位。

第廿二位則是大名鼎鼎的李逵，李逵是江州監獄看守出身，起點不高。不過自從在江州跟上宋江後，就對宋江忠心耿耿，基本上幫宋江做些宋江不便親自出面做的髒活。李逵此人雖然兇殘，殺手無寸鐵的老百姓是一把好手，但實際本事並不大，至少不是燕青的對手，甚至當年連排名九十七的李雲、朱富的師傅都不一定能輕易拿下。祝家莊能殺掉祝龍是運氣好，祝龍從馬上摔下來，正好李逵上去一斧子。《水滸傳》上看李逵行事可謂成事不足敗事有餘。李逵唯一的長處就是為人天性率直，不虛偽狡詐。李逵是宋江最喜愛的親信，嫡系中的嫡系，哪怕再差，也要給個好位置的，所以就排在廿二位了。

排在第廿三位的史進也是派系平衡的產物，既然宋江已經打壓了三山派系的老大魯智深，那麼其他方面就要平衡一下了。史進武功不錯，又是世家弟子出身，況且也是三山系統中少華山這個小派系的老大。綜合各種因素就排在了廿三位。老實說，史進排在戴宗、劉唐、李逵後是略有不公的。

廿四位的穆弘則是宋江的嫡系，也是揭陽鎮小派系的成員。宋江安排幾個其他派系的人物，自然也要排自己人了。揭陽鎮這個小派系為首的應該是混江龍李俊。這個派系雖然依附宋江，也算是宋江的嫡系，但是畢竟人數太多而又相對獨立，而且李俊又是個人才。所以宋江把穆弘提到李俊前面，一方面是因為穆弘世家子弟出身高於李俊，另一方面也是制衡李俊的手段。

排在廿五位的雷橫同朱仝一樣，是宋江嫡系的嫡系，同宋江的關係可以追溯到鄆城縣時代。但雷橫不如朱仝同宋江的關係近，所以排名就靠後點了。雷橫排在廿五位還算公正，其武功、出身大致同朱仝都相當。宋江前面照顧了花榮、朱仝、戴宗和李逵，當然沒法再多照顧雷橫了。

廿六位的李俊雖然也算是宋江的嫡系，而且還救過宋江數次，又是揭陽鎮這個小派系的頭，但宋江對他還是有所打壓的。李俊的出身並不高貴，漁民出身，可能這也就是他排位略低的原因之一。李俊是梁山上少數幾個擁有老大氣質的人物，宋江對這樣的人物多少是有些戒心的。李俊的武力一般但也不算差，一般梁山的水軍將領的武功都不出眾，靠的是水上功夫，但是李俊有出色的組織力和判斷力。所以排在廿六位多少有些偏低。也有可能是梁山重陸軍輕水軍，因為李俊是水軍頭領裡排位最高的，抑或說打壓李俊的結果，就是水軍頭目的排名都偏低。理論上，水軍的地位不應該這麼低，要知道梁山泊四面環水，水軍的強弱實際上決定了梁山的安全。

廿八、三十位的張橫、張順兄弟也是揭陽鎮系統的重要人物，都是漁民出身。張順後來生意做大，同宋江關係又好，連帶了他哥哥也沾光。如同對付魯智深一樣，既然壓制了李俊，那麼就要多提拔幾個揭陽鎮的人來平衡一下，何況這也是宋江自己的嫡系。

廿七、廿九、三十一位的阮氏三兄弟，主要是為了派系平衡，一方面是晁蓋派系天罡星的人數太少，畢竟晁蓋派系的兄弟資格最老，對組織的貢獻最大，阮氏三兄弟同吳用關係匪淺，又是參加過奪取生辰綱的老同志。另一方面是因為水軍頭領也只有宋江和晁蓋兩個派系有，宋江把李俊壓制到廿六位，下面當然要安排一些水軍頭領在天罡星內，當然不能全是宋江的嫡系人馬。阮氏兄弟武功不弱，漁民出身這個起點不算高，排在這個位子上也算過得去。

三十二、三十三位的楊雄、石秀是盧俊義派系的人物，這個派系到目前為止還沒有親信在天罡星內。李應雖然同盧俊義接近，但畢竟人家的地位上算個獨立派系。楊雄、石秀是因為偷雞上的梁山，因為這個事蹟，這兩人在梁山的日子不會很好過。但石秀是個非常出色的人物，梁山後期以石秀和燕青最為出彩，北京大名府當機立斷孤身劫法場救了盧俊義，然後又同盧俊義一起做了幾個月的死牢，這等生死情誼，實際已經超越了宋江同戴宗的，甚至超過了林沖與魯智深的。

石秀的出身低微，是做小生意的個體戶，完全是憑本事在梁山闖出一片天的。所以排在三十三位，其實也是有些委屈的。楊雄的出身就很好，薊州監獄長出身，本人武功不弱，給過杜興、石秀、時遷恩惠。同時石秀一直尊其為大哥，同石秀是一體的，所以楊雄的排名不能在石秀的後面。從某種意義上講，楊雄能進天罡星多少是沾了石秀的光。

三十四、三十五位的解珍、解寶兄弟也是派系平衡的結果。解氏兄弟是梁山一個小派系登州派系的成員，這個派系的領袖其實是前政府軍少校營長孫立。但孫立是出賣從小一起長大的同窗好友欒廷玉作為給梁山的見面禮的，這在孫立自己看來是大禮，但實質上卻是劣跡，因為連至交好友老同學都能出賣，這世界還有什麼人不能出賣。這導致孫立在梁山的排名不高，僅排三十九，連天罡星都沒有擠進。但是登州派系畢竟有八個人，而且孫立的投效是宋江能搞定祝家莊的關鍵，這個功績很大，對宋江個人的意義也重大。所以宋江就抑制孫立，轉而提升同為登州派系的解氏兄弟進天罡星。因為明顯對孫立有打壓，所以其他地方就要平衡一下。解氏兄弟武功並不出眾，而且出身不過是個獵戶，能擠進天罡星，可以算是宋江開恩了。

天罡星的最後一位是盧俊義的親信燕青。燕青是梁山組織後期最為精幹的一人，本人武藝出眾，而且吹拉彈唱樣樣精通。憑燕青的本事，不要說天罡星，就是排在前二十位也是合理的。但是燕青有個最大的問題就是小廝出身，雖然盧俊義後來大力提拔他，但是小廝這個身分類似奴僕，是梁山眾人中地位最低的。況且盧俊義上山晚，由於宋江的刻意安排，讓盧俊義作為一個擋箭牌擋在他和其他好漢之間，盧俊義的日子其實並不好過，而燕青作為盧俊義夾袋裡的人物，必然會受到波及。盧俊義畢竟還是二哥，宋江提拔了這麼多自己嫡系的嫡系，無論如何盧員外的面子還是要給的，因此燕青就擠進了天罡星。

[第三章]

梁山的授權和績效——困擾管理者的兩大難題

梁山一百零八將來自五湖四海，除了一大幫草莽英雄之外，還有一大幫朝廷降將。他們歸順梁山後，對梁山是否忠誠，成為宋江和梁山用人必須慎重考慮的問題——這就是授權的藝術。

宋江上梁山後，雖然暫時不排座次，等以後機會成熟，看各人出力多寡再排，但這個過程不能無限制地等待下去。終於，當獸醫皇甫端上梁山後，梁山好漢達到了一百零八位，時間上、好漢數量上都不允許再等下去了……這就是績效管理的難題。

而在現代企業管理中，「授權」和「績效」也始終是困擾管理者的兩大難題。

宋江的授權管理——用人不疑，疑人不用

在現代管理中，授權是充分信任員工的重要方法。宋江對英雄好漢們的信任，在授權方面也有一套。

一、維持高信任，握好「風箏的線」

在授權的過程中，就必不可少的要涉及到信任問題。授權在很大程度上體現的是一種信任，信任不是說出來的，而是做出來的。

來看宋江對副寨主盧俊義的授權。盧俊義號稱河北三絕，文武全才，是南宋抗金名將、具有統帥之才的岳飛的師兄，也是林沖、史文恭的師兄。盧俊義上梁山後，先是捉了史文恭，後來宋江又授權盧俊義帶兵攻打東昌府借糧。受招安之後征遼，宋江授權盧俊義帶一半的兄弟分兵攻打玉田縣；征田虎時，宋江授權盧俊義分兵攻打西

路；征方臘時，宋江又一次授權盧俊義分兵攻打宣州道，直到最後杭州會合。

宋江對梁山好漢的授權還體現在對燕青的使用上。宋江第一次授權燕青單人匹馬去相鬥擎天柱任原，結果燕青不負眾望，智撲擎天柱，替梁山長了臉。第二次對燕青的授權是派燕青、戴宗去京城活動招安事宜，結果燕青不辱使命，使用美男計贏得李師師芳心，從而月夜逢道君，當面向徽宗皇帝陳明梁山的忠義之心以及童貫、高俅大敗而歸的醜事，贏得徽宗皇帝的好感，當場用他那千古留名的瘦金體寫了一道招安詔書，實現了宋江及大多數梁山好漢的招安夙願。

梁山團隊西征王慶時，攻下宛州城，宋江便授權蕭讓等人保著陳安撫守城，後來段二見宛州城兵力空虛，發重兵攻打，蕭讓一介文弱書生，竟然用計把段二打得大敗，解了宛州之圍。宋江對水軍頭領也非常信任，李俊等水軍頭領在梁山保衛戰以及招安後的南征北戰中次次不辱使命，為梁山團隊的征戰取勝立下了汗馬功勞。

宋江對梁山好漢的信任，也包括對他們智慧的信任。吳用，綽號智多星，他的每一個計策都是智慧的結晶，宋江對吳用的智謀言聽計從，吳用也用自己的智慧，為梁山的發展做出了不可磨滅的貢獻。神機軍師朱武，智謀不輸吳用，宋江專門將朱武配置在盧俊義手下，當盧、宋分兵出征時，朱武就出任盧俊義的軍師，為盧俊義這一隊兵馬的取勝貢獻了自己的智慧。鐵面孔目裴宣，做事公正，宋江用他充任人事經理，專門負責人事安排，裴宣每一次提調軍馬都能做到公平公正，沒有引起任何的異議。

呼延灼歸降梁山後，先後兩次實施裡應外合之計，第一次回去賺開青州城門，殺了慕容知府；第二次使用詐降之計，月夜賺關勝劫營，從而得關勝中計被擒。其實，這兩次，呼延灼都可以假戲真做、反客為主，但宋江非常信任呼延灼，最終使得裡應外合之計圓滿成功。蕭讓、樂和被高俅軟禁在太尉府，不用吳用、朱武出馬，戴宗、燕青就用計把二人賺出來了。南征方臘時，柴進、燕青要去方臘處臥底，宋江予以充分信任，最終二人臥底成功，又一次上演了裡應外合之計，用智慧把方臘的最後一道防線攻破。

現在我們要明白的是，信任不是靠老套的錄影培訓、家庭式的野餐或者是激勵員工的公司會議來凝聚的，信任是建立在誠實、信心和相信公司會履行做出承諾的基礎上的。

很多人想到信任時，就會以爲是指那些合法的或者是公司沒有欺騙他們的行爲，但這是不全面的，那些管理不力和錯誤的指導或者公司的不穩定性，同樣可以導致不信任的產生。換句話說，信任就是經過一段長時間無數的管理決策的實施，使員工對自己和公司的前途感到安全可靠。

首先，團隊管理者並不直接做一些關於信任的工作，相反，應該堅持不懈地建立和維持公司的文化，比如慢慢灌輸給員工關於信任、忠誠和信心方面的東西。

高效率的團隊管理者會通過做以下的四件事去完成這個任務：

第一，**開誠佈公的溝通**

高誠信的企業會對員工毫無保留地公開企業的業績情況，解釋企業在經營管理及人力資源管理方面的一些基本政策，鼓勵員工主動參與資訊分享，同時無差別地公佈包括壞消息在內的新聞，並向員工坦承在經營管理上的一些失誤。

第二，**與員工分享福利**

過去的幾年裡，不少企業已經認識到：大部分的員工對自己的切身經濟利益不是很敏感。為了改變這種狀況，提升員工對利益的關注程度，一些企業開始推行一種年度的「總額獎勵計畫」，包括工資、體檢和傷殘福利、退休金等。

意料不到的是，推行這種計畫的企業大幅度提高了員工對企業的信任度。真正原因並不是很清楚，但有一種可能是，這些企業的員工認為管理層對他們有更為深入的理解及支持，並為他們做了很多工作。

第三，**讓員工參與公司決策**

為了構建一個高信任度的組織，管理層必須尋求員工不信任企業的來源，加以提高員工士氣。

第四，**讓員工為其表現負責**

高信任度的企業得到的回報是員工高績效的工作，這種環境對低績效的員工則是一種培訓，仍不合格的就會被自動淘汰。

TIPS 影響信任根基的隱性殺手

或許這些與你的企業無關，因為你們的公司有著良好的記錄，領導層沒有人受到指控，利潤也沒有受到損害，員工沒有理由不信任公司。但是，事情並非如此絕對的。很多的公司裡，一些行為正在偷偷吞噬著公司的信任根基。

空頭支票

很多團隊管理者為鼓舞員工士氣，往往會給員工一些許諾，比如這個目標達成後加薪或者出國旅遊之類。但業績達成後，團隊領導人欣喜之餘，卻常常忘了曾經許下的承諾。很多團隊領導人覺得這是望梅止渴的好方法，那些承諾的獎勵只是為了鼓舞士氣，並不一定會實現，但事實的真相是，員工覺得自己上當了。而團隊領導者又因太忙或者其他原因忽略了員工的情緒，沒有及時和員工溝通，結果導致信任度的下降。

太過於依賴員工的判斷力

當員工應該做什麼都無法確定的時候，如果企業太過於依賴員工的判斷力，員工就很容易犯錯誤。而這種類型的錯誤，員工是不會感到內疚的，相反，他們會埋怨管理層沒有向他們解釋清楚他們應該做什麼及如何完成，隨後他們就會對管理層產生很強的不信任感。

企業裁員

「公司不是我的家」的聲音也會讓公司其他員工心裡產生波動。一方面公司的發展需要員工的信任與支援，一方面為了生存進行的人員調整甚至裁員會傷害員工對公司的信任。

其他

員工的信任將由於公司在健康保險、退休金和補償金方面的艱難選擇而受到進一步的損害。試想一下，如果你和其他許多員工一樣，工資被凍結，福利在削減，你會對公司產生更多的信任嗎？

二、大權獨攬，小權分散——宋江也有不聽吳用的時候

梁山一百零八將來自五湖四海，除了一大幫草莽英雄之外，還有一大幫朝廷降

將。他們歸順梁山後，對梁山是否忠誠，對宋江是否忠誠，成爲宋江和梁山用人必須慎重考慮的問題。但宋江對降將充分信任，激勵他們有力出力、有智出智，收到了事半功倍的效果。

關勝新降梁山泊以後，朝廷又派水火二將單廷圭、魏定國來征討梁山！關勝主動請纓，說他和水火二將相熟，不用勞動眾兄弟大駕，由他出征就可以說降或擒住水火二將！宋江對關勝充分信任，只派關勝攜其老部下宣贊、郝思文帶五千人馬下山。

吳用對關勝不信任，說「關勝未保其心」，怕關勝跑了，建議派人監督或接應。但是一向對吳用言聽計從的宋江堅持信任關勝，說道：「吾看關勝義氣凜然，始終如一，軍師不必見疑。」關勝出兵，先降了單廷圭，又和單廷圭單刀赴會，說服了魏定國來降，用最小的代價取得了戰役的勝利！

宋江帶領眾好漢征討芒碭山，先捉了項充、李袞，項充、李袞表示願意回山說服混世魔王樊瑞！眾人也不信任這兩人，唯獨宋江信任這兩將，結果不費一兵一卒，得到了另一個會法術的高才。

由此可以看出以下幾點。

第一，好的領導者「小權」可以分散，但是「大權」是把握在自己手裡的。

首先，總指揮要抓的是**財權**。

錢是企業的命脈。高層領導者必須清楚地掌控資金大的方向，並且關鍵時刻能夠自由調動，而那些財務細節完全可以讓財務總監去管理。

「華為」老總任正非以低調樸素著稱，總是穿著發皺的襯衣在深南大道上運動，經常被人誤認為是工人。他還用過很長時間的老舊二手車，後來還是其他領導高層勸他買一輛好一點的。

你也許會想，這樣「摳門」的一個人抓「華為」的錢袋，「華為」人沒好日子了，事實恰恰相反，任正非在調動上億資金眼都不眨一下。

一九九六年，「華為」在開發上投入了一億多元資金，年終結算後，發現還節省了幾千萬。任正非知道後說了一句話：「不許留下，全部用完！」開發部最後只好將開發設備全部更新了一套，換成最好的。

任正非甚至提出「不敢花錢的幹部不是好幹部」、「花不了的要扣工資」等理念。

其次，總指揮必須抓的是**人事任免權**。

這主要涉及非常重要的人事調動和安排。

諸葛亮曾說，兵權就是將帥統率三軍的權力，如果失去了這個權力，就好像魚、龍離開了江河湖海，若想在海洋中自由遨游，在浪濤中奔馳嬉戲，那是不可能的。這段話一針見血地指出了兵權對於將領的重要性。一個將領假如失去了兵權，任憑多麼具有雄韜偉略，也只能是毫無作爲。

一九九六年，本田City在亞洲地區上市，很快成為銷售量增長最快的車型系列，深受年輕人的追捧。但是他們肯定猜不到，這款車型是本田公司第三任社長久米抗住巨大壓力爭取到的。

當他制定出戰略計畫之後，親自選定了開發小組的成員。讓董事會吃驚的是，這些成員都是二十多歲的年輕人，部分人甚至沒有過重大工作經驗。

有些董事擔心地說：「都交給這幫年輕人，沒問題吧？」「會不會弄出稀奇古怪的車來呢？」

但久米對此根本不予理會。他既然坐在社長的位置上，就充分行使自己的大權，並充滿信心。

不久之後，凝聚了一群年輕人智慧的本田City華麗出場了，車型獨特，打破了常久以來汽車必須呈流線型的常規，一上市就受到了年輕人的青睞。

久米用事實證明了自己的眼光，也捍衛了自己的這項大權。

第三，總指揮必須抓的是**最終決策權**，也就是對重要決策拍板的權力。

管理者經常會遇到這種情況：新的意見和想法一經提出，一定會有反對者。其中有對新意見不甚瞭解的人，也有爲反對而反對的人。在一片反對聲中，領導者猶如鶴立雞群，陷於孤立之境。這個時候，領導者不要害怕孤立，對於不瞭解的人，要懷著熱忱，耐心地向他們說明道理，使反對者變成贊成者；對於爲反對而反對的人，任你怎麼說，恐怕他們也不會接受，那麼，就乾脆不要寄希望於他們的贊同。重要的是你的提議和決策是對的，只要真理在握，就應堅決地貫徹下去。

美國總統林肯上任不久後，將六個幕僚召集在一起開會，討論林肯提出的一個重要法案。幕僚們的看法不統一，七個人激烈地爭論起來。在最後決策的時候，六個幕僚一致反對林肯的意見，但林肯仍固執己見，他說：「雖然只有我一個人贊成但我仍要宣佈，這個法案通過了。」

表面上看，林肯這種忽視多數人意見的做法似乎過於獨斷專行。其實，林肯已經仔細地瞭解了其他六個人的看法，並經過深思熟慮，認定自己的方案最為合理。而其他六個人持反對意見，只是一種反射動作，有的人甚至是人云亦云，根本就沒有認真考慮過這個方案。既然如此，林肯自然應該力排眾議，堅持己見。

決斷，是不能由多數人來做出的，多數人的意見雖然要聽，但做出決斷的，只能是一人。

作爲掌握企業大權的高層領導，既要「厚德載物，以理服人」，也得做到「該出手時就出手」，當機立斷。沒有這種強勢的姿態，就做不成事情。

最後，總指揮還要保證自己的**知情權**。

即使某些時候不參與決策，把權力交給其他人，對所做的決策也應該詳細瞭解。

第二，授權員工意味著給他們四個因素，使他們更加自由地行動以完成工作。

這四個因素是：資訊、知識和技能、權力、獎賞。

資訊

在一些公司，例如巴西最大的貨船及食品加工設備製造商——Semco，其雇員被充分地授權，資訊在這裡不再是秘密。在Semco，每個雇員都能獲得包括管理層的薪水狀況等資料和其他資訊。爲了表示公司對資訊共用的重視，Semco的管理層與代表工人利益的工會一起，培訓所有的雇員，甚至包括郵遞員和清潔工，使他們能夠瞭解公司資產負債表和現金流量表中所反映的內容。

知識和技能

公司通過培訓計畫教給雇員們必需的知識和技能，使他們能夠爲公司作出自己的最大貢獻。例如，在Chrysler位於加拿大安大略省Bramalea的裝配工廠裡，經常組織產品品質分析團隊，這使雇員能積極主動地開展品質革新活動。

Xerox對雇員進行一種被公司叫做「視線」的培訓，該訓練能使工人們熟悉其工作如何與流水線上的前向、後向活動更好地銜接。這種訓練能幫助獲權的雇員們更好地決策，以支持其他工人的工作，爲組織目標的實現作出貢獻。

權力

當今，許多具有極強競爭力的公司都在授權給工人，從而通過品質圈和自我管理團隊等方式影響工作過程和有組織地指導。

Southwest Airlines的每一個雇員都被看做大家庭中的重要一員。公司也相信一種輕鬆的氣氛能營造一種強烈的集體感，從而抵消艱苦工作的壓力，並且提高公司對顧客的服務水準。雇員擁有充分的靈活性，以便在顧客服務中展示他們自己的人格魅力。

獎賞

基於公司業績獎勵雇員的兩種方式是，利潤分享和職工持股計畫。我們具體來看一下西門子的激勵措施。銷售部員工的激勵方式是讓業績好的員工有出頭的機會。當發現員工表現卓越時，獎賞他們的方式有：晉升、給予額外報酬、紅利、更高頭銜等。考慮到研發人員的工作性質，研發部員工激勵方式，更傾向於獲得更多的成長空間與機會，因此採取了提供高級技術培訓、參加高級技術論壇的機會來進行激勵。

三、充分授權，用授權換團隊動力

儘管所有的管理者都知道授權很重要，但是能夠真正做到有效授權的管理者卻是很少。他們可能更多的是應該首先從自己身上找原因。

在經濟日益發展的今天，授權對企業的管理者來說是一個充滿希望但同時又令人困惑不解的商業概念。儘管大家都知道授權有種種好處，但是，爲什麼至今大多數企業的管理者仍然很難進行真正意義上的授權呢？

你會聽到許多無法放權的理由：

理由一：「都讓他們做了，還要我幹嘛？」

企業中的管理者們已經習慣了擁有決策制定權，而授權需要管理者放棄一定的決策制定權，並把權力下放到普通的員工手中，他們會因此而擔心失去控制權。管理者往往會感覺到他們的地位受到了威脅，甚至可能會感覺到他們即將失去工作。

馬華是廣東某知名電子製造業公司的市場總監，也是公司的元老之一，他為公司成立兩年便佔領國內該電子產品領域百分之廿五的市場份額立下了汗馬功勞。隨著公司的業務規模越來越大，馬華的工作量也越來越大。為了減輕馬華的壓力，公司老總特意通過獵頭挖來了一名「海歸」MBA小王，做馬華的總監助理。

起初，小王只是幫助馬華做一些內部管理工作，但一段時間之後，小王要求參與一些諸如重要客戶談判之類的核心工作時，馬華開始有些擔心了：「小王的工作能力是不容質疑的，如果他過多地接觸一些核心工作，而且又做得比我出色，會不會有一天他會取代我的位置？不行，我還是得注意一下，少讓他接觸核心的工作。」

建議：作爲領導者，應該親自去做那些有戰略意義、不能完全授權的事，比如重要客戶、公司長期發展戰略、接班人問題、財務、融資、長期激勵機制、公司運營機制等，這些決定公司成功的關鍵要素。做好這些事情，管理者的地位不僅不會受到影響，反而會更加牢固。

理由二：「與其讓他們做又做不好，還不如我全做了！」

有些管理者寧可自己做得辛苦，也不願意把工作交給部下。

上海某軟體公司的專案經理林強認為：「教會部下怎麼做，得花上好幾個小時；自己做的話，不到半小時就做好了。有那個閒工夫教他們，還不如自己做更爽快些。」

三個月前，林強剛接手了一個新案子，團隊裡新招了幾個程式設計師。程式設計師小李因為剛畢業不久，一些工作不是很熟悉。眼看案子快到收尾階段了，但小李卻因為一個小問題耽誤了一些時間。林強教了小李兩次，小李都沒做好，林強有些煩了，索性代替小李三下兩下就將問題解決了。「看來以後有好些工作還是得自己做，否則工作速度實在難以保證。」林強有些鬱悶。

建議：作爲管理者，確實可以做很多事，但不可能把所有的事情都自己做了。儘管現在自己親自動手可以做得比別人好，但是如果能夠教會下屬，你會發現，其實別人也可以做得和你一樣好，甚至更好。也許今天你要耽誤幾個小時來教他們幹活，但以後他們會爲你節省幾十甚至幾百個小時，讓你有空做更多的更深入的思考，以促成你在事業上的更大發展。

理由三：「他們總是難以理解我的要求，我怕他們拿著權力做錯事！」

企業中的許多管理者認爲，由於資訊的不對稱，員工往往很難真正理解他們被授權後所要達到的工作目標，在這種情況下，他們將做出的決策會對企業的成本和利潤產生很大的影響。

北京某通信公司售後服務部經理張雲就有過這方面的教訓。

有一次，張雲在深圳出差，而北京這邊一個客戶的問題急需解決，他就授權一名下屬去處理。由於這名下屬平時工作很出色，做事很讓人放心，所以他只是通過電話與下屬溝通了兩次就沒怎麼過問。直到有一天，客戶氣勢洶洶打電話來將張雲大罵了一通，張雲才感到事情的嚴重性。當他再次與下屬聯繫時才發現，原來下屬當初並沒有完全明白張雲的意思，以至於該為客戶解決的事情沒解決，時間都花在一些客戶原來沒有要求的問題上。耽誤了時間，客戶當然很不高興。此事之後，張雲再也不敢輕易授權了。

建議：只要多溝通，這種情況完全可以避免。同時，這也提醒我們，在下屬不是很清楚授權之後要達成的目標時，我們不能輕易授權。在授權的過程中，我們需要及時與下屬溝通，及時發現他們的問題，並幫助他們解決。

理由四：「在他們各方面能力還沒完全達到時，我總有點不放心。」

管理者還可能擔心員工並不具有完全地運用權力和制定正確的決策的能力，一旦對員工授權，被授權的員工的行爲將不再受到以往的規範和制度的限制，他們可能會感到不知所措。

建議：有效授權的前提是授權對象要有能力，但不需要等到對方具有百分之百的能力，有八成的能力就可以了，這樣才能鍛煉下屬，給他們學習的機會。信任下屬，哪怕他們在開始時只達到你的期望的一半，你得說服自己相信他們有能力達到另一半。要認識到，你如果不會向下授權，你將最終不會被上面授權。

理由五：「企業環境阻礙了我的授權！」

「授權」並不適合於任何類型的企業，許多企業環境因素都會影響管理者授權的順利實施，比如企業並不支持團隊工作、企業中仍然存在舊的雇傭關係、傳統的官僚組織結構依然存在以及缺乏適當的回饋和激勵機制等等，都會影響管理者的授權。只有當企業同時滿足了內部和外部的需要，當企業中的人、制度、文化都願意或者能夠進行改變時，「授權」才能發揮作用。所以，一個相互信任和包容、鼓勵員工適當冒險的環境，對管理者的授權很重要。

建議：企業文化也是影響管理者授權成功的關鍵因素。支援授權的企業需要具有獨特的管理哲學。幫助性的企業文化（即以人為本、員工相互鼓勵以及有自我實現的信念）和參與性的企業文化（即員工的知識、創新和變革要求受到重視），都有助於員工對授權的正確理解。只有個體在企業環境是自由民主和不受限制時，才能感覺到真正被授權。授權的企業文化可以培養員工的主人翁意識和自豪感以及創造性、適應性等價值觀，以便於授權的有效實施。

另外，不少管理者一方面聲稱要給員工授權，另一方面卻緊緊地握住手中的權力。概括起來，還存在以下八大障礙：

(1)懷疑下屬能力

許多管理者不信任員工的能力，擔心員工並不具有完全地運用權力和制定正確決策的能力，覺得與其授權，還不如親自解決。但是，每個人的能力都是在工作實踐中鍛煉出來的，沒有哪個人的能力是與生俱來的，包括管理者本人。

(2)下屬不應決策

不少管理者認為員工不應該參與決策，因為員工不能夠真正理解他們被授權後將制定的決策會對公司的成本和利潤產生多大的影響。實際上，不少員工具有較高的知識水準，有些學歷甚至比管理者還要高。如果要發揮員工的能力，就要摒棄傳統的命令式的管理方法，讓員工充分地參與進來，通過合作式的管理，調動員工參與決策的積極性，提高整體工作效率，提升產品品質。

(3)不願培養下屬

有些管理者認為管理員工是自己的工作，但培養員工並不是自己職責範圍之內的事，所以沒有必要在這方面殫精竭慮。實際上，建立一支學習型、研究型的員工隊伍是管理者的重要職責。如果管理者不培養員工，員工就不可能獲得成長，管理者永遠只會在原地踏步，沒有辦法推進企業的縱深發展。

(4)下屬不想擔責

很多企業的員工都習慣於在管理者的命令下工作，大部分的權力和責任往往由管理者擁有和承擔。一旦員工需要爲自己的行爲結果承擔責任時，他們就可能會擔心自己是否需要爲其所犯的錯誤也承擔責任。而一旦他們犯了錯誤，他們擔心可能會被責罵，甚至擔心可能會失去工作。正因爲這樣，所以有些管理者認爲員工不願去承擔更大的責任。實際上，每一個員工都希望自己受到重視，都希望自己承擔更大的責任。需要注意的是，當管理者讓員工承擔更大的責任時，也要給員工更大的權力，否則員工的心理就會失衡。

(5)拒絕分享權力

有些管理者的權力欲非常強烈，不願與下屬分享權力。這些管理者喜歡緊緊地控制著下屬，認爲只有這樣才能樹立自己的權威。當然，這與管理者的個性有關，但是長此以往，誰還願意在這樣的管理者手下工作呢?另外，有些管理者已經習慣了擁有決策制定權，而授權需要管理者放棄一定的決策制定權，並把權力下放到員工手中，他們會因此擔心失去控制權。往往高層管理者會感覺到他們的地位受到了威脅，而中層管理者則可能會感覺到他們即將被架空甚至失去工作。

(6)擔心下屬出錯

這種擔心是正常的，因爲不少員工沒有經驗或者能力欠佳。管理者一定要允許員工犯錯誤，如果不允許犯錯誤，實際上也不會有什麼授權。舉個例子，你去學開車，教練要給你充分授權，否則你就學不會開車。同時，教練擔心你開不好車，怕你出車禍。那麼，教練怎樣教你才對？如果教練發現你在轉彎時使用方向盤出錯，只要你不發生車禍，教練就應該等你轉了彎以後再跟你說做錯了，教練必須給你犯錯誤的機會。如果每一次你做得不好，教練就罵你，這樣做的結果，不但不能讓你學得更快，反而使你更加緊張，出更多錯，甚至使你喪失繼續開車的勇氣。所以，管理者在進行授權時，首先應當建立這樣一種信念：錯誤是授權的一部分。也就是說，要讓員工百分之百地按照管理者的意圖來完成工作是不大可能的，員工在完成任務的過程中出現一些錯誤是正常的。

(7)害怕承擔風險

授權是有風險的，管理者把某項工作授權給員工去完成，如果做不好，第一責任人是管理者，管理者不能推卸責任說已經授權給員工，管理者有義務去承擔這種風險。有些管理者對承擔風險有恐懼感，其實也沒有必要，因爲授權並不是放任不管，授權之後還要監督和控制。

(8)樂於事必躬親

凡事親歷親爲的管理者是工作狂，嚴格地說，這種人不能稱其爲管理者。這種管理者認爲只有自己對所有的事情很清楚，只有自己才有可能高效地處理問題。另外，這種管理者喜歡盡善盡美，總認爲員工的工作不夠完美。

孔子的學生子賤有一次奉命擔任某地方的官吏。他到任以後，經常彈琴自娛，不問政事。可是，他所管轄的地方卻治理得井井有條，民興業旺。這使那位卸任的官吏百思不得其解，因為他每天勤勤懇懇，從早忙到晚，也沒有把那個地方治理好。於是他請教子賤：「為什麼你逍遙自在、不問政事，卻能把這個地方治理得這麼好？」

子賤回答說：「你只靠自己的力量去治理，所以十分辛苦，而我卻是借助下屬的力量來完成任務。」

再回頭看《水滸傳》，由於宋江掌握了授權的藝術，對梁山的兄弟們充分信任，反過來也取得了良好的激勵效果。

一是**用授權換忠誠**

宋江對好漢們信任，好漢們反過來也對宋江、對梁山充滿高度忠誠！梁山一百零八將，每次征戰時，多有人被擒，但沒有一個人投降的！征方臘時，許多梁山好漢寧願戰死沙場，也不願投降方臘，井木犴郝思文甚至被活剮了也不願意投降，這樣的忠誠度是多少黃金都換不來的！反過來說，有這樣忠誠的人才，還有什麼事業做不來？

二是**用授權換自信**

自信是培養出來的，而信任是培養自信的最好老師！宋江對梁山好漢的信任，也使原來出身低賤的梁山好漢們的自信心大漲！他們在面對對手時，都表現出無所畏懼的英雄氣概！特別是征遼、征田虎、征王慶、征方臘時，由於他們是代表朝廷作戰，是朝廷的正將、偏將，出陣交鋒時，底氣也足，自信滿滿！

三是**用授權換動力**

宋江對梁山好漢們的信任，使好漢們產生了「不負所望」的強大動力和勇氣！這種動力和勇氣也化作了建功立業的豪情和戰鬥激情！不論是衝鋒陷陣，還是深入敵後，都平添了無窮的自信和勇氣！對他們來說，哪怕前面是刀山火海都敢闖！浪裡白條張順明知湧金門危險，也要冒著萬箭穿身的危險夜闖湧金門，最後在杭州城下以身殉國。

績效管理——從宋江的「績效門」說起

在《水滸傳》中，有段著名的「梁山泊英雄排座次」的故事。宋江在指揮了幾場勝仗之後，認為時機已經成熟，有必要總結一下工作，按照自己的招安思路進行組織建設。可是，如何根據好漢們的績效貢獻來排座次呢？雖然前幾位的次序大致可以確定，但後面的排序要想弄個清楚，恐怕就會惹來諸多紛爭。如果操作失措，就會造成組織的動盪。這個典型的績效評價問題，想必是讓宋江非常棘手。

於是，才有了書中「忠義堂石碣受天文，梁山泊英雄排座次」的一幕。有了這「天書」撐腰，宋江才為這次績效排序定調子，「眾頭領各守其位，各休爭執，不可逆了天言。」各路英雄也連忙表態，「天地之意，物理數定，誰敢違拗！」

但我們更相信，宋江是這場戲的幕後策劃者，他一定是認識到績效評價是如此之難，所以才巧妙地回避了它。既然說不清楚，就讓老天爺去定吧，大家也就不好再說什麼，這個棘手問題也就算是解決了。

《水滸傳》畢竟是戲說歷史，可以憑藉作者的豐富想像力來低成本、低風險的解決績效評價難題。但在現代企業中，如何採取正確方法推行績效評價工作，一直是組織管理者關注的問題。

一、中國歷史上的績效管理

史書記載的歷史事件中，無論是傳說，還是史實，都證明組織管理者在績效評價方面付出了巨大的心力。

舜禪讓的背後，一段漫長的績效評價歷程

據《史記・五帝本紀》記載，堯開始和下屬探討接班人的問題的時候，距離他真正讓出帝位的時間長達廿八年之久。在當時，部落聯盟首領選擇接班人是一個可以開放探討的問題，與這一決策具有利益相關者都可以表達自己的觀點，但最終要由首領來決定。這一問題是如此之重要，以至於要提前許多年就提出並進行探討。而且，對候選者的資格沒有嚴格限制，堯的說法是「悉舉貴戚及疏遠隱匿者」。

在堯連續否定了多個人選之後，他的手下推薦了「平民、單身漢」舜。大臣們對舜的初步評價是：雖然他的父親愚昧、母親頑固、弟弟傲慢，但舜仍然能夠孝順、

友愛地與他們相處，且不讓他們走向邪惡。這種評價方法是基於事實的描述，而不是簡單地說他「好」或者「不好」，而且，也沒有說他如何的精通天文、地理等知識技能，更爲關注的是「做人」的基本能力。這個理由顯然是打動了堯，堯隨即將自己的兩個女兒嫁給了舜，以此來考核舜的「德行」。從此，堯對舜這位「未來的接班人」開始了漫長的績效評價過程，可謂是用心良苦。

首先，考核「基本能力素質」，即**「齊家」的能力**，看他是否有能力管理自己的家族，使其健康、良性地發展。這個問題是如此之重要，以至於首領要將自己的女兒嫁給候選者。舜在對這兩位有著高貴出身的妻子做了訓教、告誡之後，就讓她們去自己的老家伺候公婆。在舜的教導下，她們都能夠按照舜的要求恪守婦道。通過這種完全基於事實的考核方式，舜的「齊家」能力完全得到了堯的認可。

其次，考核**「定制度」能力**。堯讓舜去健全、完善以「父義、母慈、兄友、弟恭、子孝」這五種倫理爲核心的道德制度體系，並付諸實施。在這裡，我們可以把它理解爲是一種類似制定人力資源管理政策的「職能工作」。事實證明，作爲一名職能部門的負責人，舜的工作是成功的，因爲，這套制度體系得到了「員工」的認可和服從，取得了較好的效果。

第三，考核**「帶隊伍」能力**。堯讓舜去負責管理百官，明確百官的崗位職責，理順他們的工作關係，使他們各司其職。舜的幹部管理工作也獲得了成功。

第四，考核**「外部協作」的能力**。堯讓舜負責管理、協調與各諸侯、使臣的關係。在舜的努力下，政府與他們都建立了和睦、穩定的關係，並贏得了尊重。

第五，考核**「現場管理」能力**。舜又奉命去實地考察、巡視國家的山川地貌。即便是在風雨雷電中，舜也從未迷失方向，總能完成任務。

通過以上種種績效評價，堯對舜的績效表現是完全肯定的，「汝謀事至而言可績」，並最終確定他爲自己未來的接班人。但績效評價至此還沒有結束，堯只是退居二線而未完全退出，舜並沒有立即被任命爲「總裁」，而只是擔任「常務副總裁」的工作，而且在這個崗位上一幹就是十一年。因爲，堯雖然在選擇接班人方面開展了一連串必要的績效評價工作，但堯仍認爲這個決策還需斟酌，因爲這只是基於自己作爲直接上級的績效評價，還不夠完整。所以，堯對舜作了最後一步的考核。

第六，**三百六十度考核**。堯讓其他所有重要的利益相關者來表達自己的觀點、進行評價，進一步提高決策的品質。當然，這也會進一步強化舜擔任「總裁」的合法性，使政權更爲穩固。結果是「諸侯朝覲者不之丹朱而之舜，獄訟者不之丹朱而之舜，謳歌者不謳歌丹朱而謳歌舜。舜曰『天也』」。

堯在選擇接班人的過程中，採用了多角度、苛刻的績效考核方法，前後歷時二十餘年。他選擇候選人的範圍並沒有限於現有的核心層人員，即直接下級，而是廣泛地徵求意見，擴展選擇對象，並最終確定了平民、單身漢舜。堯對舜的績效評價是全方位的，既包括對基本能力素質的考核，又包括對「定制度、帶隊伍、外部合作、現場管理」等關鍵績效指標的考核。最終制定決策時，又充分徵求了各方的意見，提高了決策品質，降低了政權交接的風險。

廉頗藺相如將相不和，管理者趙惠王的績效評價敗筆

「負荆請罪」是著名的歷史事件，我們在這裡關注的是廉頗、藺相如這兩位績效管理中的被評價者，和作爲評價者的趙惠王。在《史記・廉頗藺相如列傳》中，司馬遷用關鍵事件描述法對藺相如的績效表現作了說明。首先，從和氏璧說起，這是一件奢侈品，「價値連城」說的就是這個寶貝，但秦昭王「願以十五城請易璧」的這個報價是明顯缺乏誠意和契約約束的，這個交易也未真正發生。藺相如的業績是，運用自己的勇氣和智慧使趙國保住了和氏璧，讓國家免受攻擊。

第二件事，在一次外交場合，藺相如使自己的老闆保住了顏面，維護了國家的尊嚴。就這樣，藺相如「坐直升機」般成爲了趙國的「上卿」。而另外一位被評價者廉頗，是著名的攻城掠寨的高手，享有很高聲譽。一個例子可以說明他在趙國的地位舉足輕重。秦王邀請趙惠王訪問秦國，趙國內部的判斷是，這次會面風險很高，趙惠王很可能有去無回，但不去又恐招人恥笑，最終決定赴會。廉頗送行的時候說：「王行，度道裡會遇之禮畢，還，不過三十日。三十日不還，則請立太子爲王，以絕秦

望。」能夠與現任領導探討繼承人問題的人，必然是重臣。但這樣一位重臣，經過一系列對這些關鍵事件的績效評價之後，他的地位卻排在了藺相如的後面。

趙惠王在如何評價廉頗和藺相如的績效貢獻和確定職位排序方面，想必是缺乏明確的績效評價和職位任職資格標準的，而且顯然與績效評價決策的關鍵利益相關者廉頗的溝通不足，否則，廉頗也不會抱怨「我為趙將，有攻城野戰之大功，而藺相如徒以口舌為勞，而位居我上，且相如素賤人，吾羞，不忍為之下。」而且，「將相不和」的事情鬧得沸沸揚揚，藺相如的手下甚至認為他過於懦弱而要求辭職。

不知這個時候，趙惠王作為領導者，造成將相不和的關鍵責任人，是否有所作為？如果不是自己的兩個手下廉頗、藺相如的胸懷和坦誠，這件事情如何收場？

趙惠王作為領導者，應考慮上卿的任職標準是什麼，這些標準是否與下屬充分溝通並達成共識，「舍人」能不能做「上卿」？如何衡量藺相如的外交績效貢獻與廉頗的國防績效貢獻的差別和大小？對於藺相如的兩次卓越的績效表現，應如何獎勵，是提供物資獎勵，還是提供職業發展機會的獎勵？面對績效管理過程中出現的將相不和的衝突，自己該如何解決？

這些也都是組織管理者在推行績效評價中應該關注的問題，以避免「將相不和」在自己的組織中發生。

慶功宴後，漢高祖劉邦如何開展績效評價

西漢建立之後，劉邦爲了儘快穩定這來之不易的大好局面，避免再起戰火，立即根據將士們的績效貢獻進行封賞。首先，他對在打敗項羽的戰爭中具有突出貢獻的、相對獨立的各路軍事統帥進行分封，給予最高封賞，即所謂的「封異姓王」。因爲這個群體功勞最大，也是最不穩定的因素。然後，是分封爵位，這個過程充滿了爭議，焦點是「一線業務人員」與「二線的支持與管理人員」的績效貢獻大小問題。劉邦認爲，蕭何的功勞最大，所以得到的封賞應該最多；而一線的功臣們則認爲，自己在戰場上出生入死，卻沒有一個舞文弄墨的行政後勤官員得到的多，大呼不公。這樣爭爭吵吵持續了一年，才封了二十幾位功臣，其餘的人仍然沒有得到封賞。輿論導向開始對劉邦不利，未被分封的大臣們開始抱怨劉邦「所封皆蕭、曹故人所親愛，而所誅者皆生平所仇怨」。劉邦身陷「績效門」危機。

爲擺脫困境，鞏固國家政權，劉邦針對績效評價的各關鍵環節採取應對措施。

第一，**明確績效標準，區分戰略績效與執行績效**。

在績效評價過程中，對績效評價的標準存在較大的爭議。焦點問題是文官蕭何的績效評價高於所有武官的決議，這遭到了武官們的集體反對。面對大臣的質疑，劉邦舉了個不是很恰當但很能說明問題的例子，有效地區分了戰略績效與執行績效的差別。劉邦說：「你們知道打獵是怎麼回事嗎？」大臣們說：「知道。」劉邦又問：

「那你們也知道獵狗吧？」大臣們說：「也知道。」劉邦說：「這個打獵呢，追殺野獸、兔子的，是獵狗；指明野獸、兔子的位置的，是獵人。你們這些能夠抓到野獸的，只不過是功狗罷了，而蕭何能夠指出野獸的位置、適時放出獵狗，則是功人！」這樣一來，大家就不敢再說什麼了。

第二，**注重績效溝通，適時傳遞評價訊息**。

劉邦是一位注重溝通的領導者，能夠利用各種機會與大臣們交換關於績效評價的看法，以減少偏差。在一次請大臣們飲酒的場合，劉邦要求他們如實地分析爲什麼劉邦能夠得到天下而項羽卻沒有。大臣們的分析更多地關注劉邦本人的行爲，即「陛下使人攻城掠地，所降下者因以予之，與天下同利也」，對劉邦的激勵手段給予了高度的稱讚。而高祖卻避而不談自己的領導才能，借機會將張良、蕭何、韓信三位取得卓越績效的功臣推向前臺，表達自己對績效評價的觀點，爲自己的分封行賞決策奠定輿論基礎，減少衝突的發生。劉邦還向自己的重臣瞭解其對各官員的看法，拓寬績效評價的角度，減少偏差。例如，「韓信帶兵，多多益善」就發生在劉邦與韓信的一次績效面談的過程中。

第三，**關注績效評價回饋，保持績效評價策略的靈活性**。

劉邦在宮中看見外面有一些將領在一起竊竊私語，就問顧問張良：「這些人在嘀咕什麼呢？」張良說：「陛下，您還不明白麼，他們是在商量謀反啊。」劉邦說：

「天下馬上就要安定下來了，爲什麼還要造反呢？」張良說：「陛下您原來是個老百姓，靠著這幫人得到了天下，而您現在給跟您關係比較近的蕭何、曹參都封了大官，把跟您結仇的人都給殺了。現在朝廷在搞績效評價，大家都知道，您就是把天下都送出去，恐怕也不夠這些人分的，這些人擔心不但得不到封賞，反而因以前得罪過您而被您殺掉，所以，他們就商量著要造反。」劉邦忙問：「那怎麼辦？」張良說：「陛下現在最憎恨的人是誰，而且，得讓大家都知道這事。」劉邦說：「雍齒跟我有過節，曾經有幾次都讓我很沒面子，我很想殺了他，但考慮到他還有些功勞，所以有些下不了手。」張良說：「那你就先封他吧，大家看到陛下封了自己的仇人，心裡就不會擔心自己沒有封賞和被殺了。」劉邦聽了，馬上著手命令有關部門爲雍齒確定績效成績並封侯。沒有被封的大臣們聽到這件事後，高興得喝酒慶祝，不再密謀造反的事了。

綜觀古人的例子，我們可以得出以下結論：

第一，績效管理是一個持續的交流過程，該過程是由員工和他們的直接主管之間達成的協議保證完成的，並在協議中對下面有關的問題提出明確的要求和規定：

員工完成的實質性的工作職責；

員工的工作對公司目標實現的影響；

以明確的條款說明「工作完成得好」是什麼意思；

員工和主管之間應如何共同努力以維持、完善和提高員工的績效；

工作績效如何衡量；

指明影響績效的障礙並排除。

績效管理可以達到以下目標：

使你不必介入到所有正在進行的各種事務中（過細管理）；

通過賦予員工必要的知識來幫助他們進行合理的自我決策，從而節省你的時間；

減少員工之間因職責不明而產生的誤解；

減少出現當你需要資訊時沒有資訊的局面；

通過幫助員工找到錯誤和低效率的原因來減少錯誤和差錯（包括重複犯錯誤的問題）。

第二，建立合理的考核制度僅僅是完成了績效管理的一個重要環節。要使績效管理在幫助員工取得高績效的同時也促進組織的發展，還需要解決另一個核心問題：績效酬金的發放。

從績效管理理論誕生之日起，績效酬金就一直困繞著管理界。它是一把真正的雙刃劍，威力無窮。很多研究者和企業的人力資源總監殫精竭慮，希望能設計出一種能夠完全反映員工工作狀況的考核標準，並以此爲依據發放員工的工資。這看似很完美，很美妙，但在不知不覺中，把績效管理推向了深淵。

管理者制定了標準，度量了員工的績效，並根據每個員工的績效支付工資。這就等於是對有些目標進行金錢刺激，也就是用排除法告訴人們，沒有這種聯繫的目標是不重要的。例如，你可能鼓勵員工以無情的方式工作，回避幫助同事或者回避那些同績效工資沒有聯繫但卻很重要的責任。換句話說，你製造了一種揀了芝麻丟了西瓜的局面，員工們忘記了他們的價值不僅來源於個人的成功，而且取決於他們對團隊或者整個組織成功的貢獻大小。

況且，沒有一種度量單個員工價值的方法是完全準確和有效的。度量和評價總是容易引起爭論，很可能使管理者和員工處於長期衝突的狀態，這就影響了管理者和員工共同努力以解決問題的能力。

更嚴重的是，管理者爲了財務指標控制費用，必須充當極力限制增長工資和充當工資監護神的角色。這將使管理者處於一種難於應付的局面。因爲他們限制工資最有效的方法就是讓員工不能超標或者是不達標。這樣終會造成和員工之間的怨恨，嚴重影響管理者的管理能力。

針對此，巴克沃開出的藥方是把工資和績效酬金分開，這是唯一的方法。要把績效管理工作看作幫助員工完成目標、得到額外獎金或得到提升的工作。要明白管理者要做的事情就是，要幫助每位員工取得更好的成功。

按照這一理念，公司在制定薪酬政策之前，最好能夠綜合採用一些方法，例如借鑒美國NBA的方法，將報酬同團隊或者公司的績效聯繫起來，而不同個人績效聯繫起來。還可以運用利潤分享法。有時運用多種績效管理方法會更好，這樣比單一的方法更有效。

需要特別提出的是，在設定目標和標準的時候，應該確保這些標準盡可能地客觀和可以度量，以減少爭論。同時，管理者在績效考核設立之初就應該規定加薪的標準。因此，在每年年初的時候，每個員工都應該知道爲了得到加薪和獎金，他們應該取得什麼樣的成果，但千萬不要把工資同評級或排名聯繫起來。

假設管理者已經同員工討論並制訂好了他們的績效計畫，他們也都清楚他們應該做什麼工作和應該做成什麼樣，管理者也經常同他們溝通績效問題，這樣他們之間進行了充分的資訊交流，而且，也進行了年度績效評價，並搞清楚了每位員工工作的好壞。

但這還遠遠不夠，績效管理不僅僅只是如此而已，更需要在績效好時搞清楚爲什麼會這麼好，績效差時爲什麼會這樣差，並想辦法多做一些能提高績效的工作，少做一些對提高績效不利的工作，這樣管理才會形成一種閉環系統，真正讓組織得到高額投資回報。

確切地說，績效診斷就是管理者同員工一起確定他們成功或不成功原因的方法。它可以並應該在績效管理的各個階段加以使用，並且在使用這種方法時，應同員工保持一種合作的關係，其目的是爲了找到原因以便他們消除或克服。

在考慮個人績效的影響因素時有兩種方法，一種是考慮個人因素。例如，管理者都傾向於，經過良好訓練、聰明、受到正確激勵的熟練人員的工作績效會很好。管理者很可能以效率最高的員工爲榜樣，將他或她的成功歸究於一連串的個人因素。

第二種考慮成功或失敗原因的方法是不常見的。儘管我們曾經相信每個員工能控制自己的命運或左右自己的成功，但個人因素並不能說明全部問題，它們甚至都不是主要的因素。

管理者必須考慮工作中的系統因素。系統因素，是指那些員工不能控制的因素。有些公司可能會建立一些類似損害個人創造力的官僚工序，也許是員工得不到合適的工具或設備，更糟糕的是，可能是管理者將最優秀的員工放到了很差的系統中，導致他的績效不佳。所以在診斷績效時，首先應該意識到績效差距，搞清楚差距的性質和嚴重性，並找到產生這種差距可能的原因，包括系統和個人的原因。

在次序選擇上，一定需要先分析系統的原因，然後再分析員工的原因。當然，也有很多問題有多種原因：系統和員工的共同作用導致。績效診斷既是解決問題的過程，也是人與人交流的過程，在績效低下或者出現績效問題時，通過設計出消除產生這種差距原因的工作計畫，實施這個計畫後，再評估一下問題是否解決了。如有必要，再從頭開始。解決的過程應該做成文件檔案，這就意味著保留有關管理者同員工進行溝通情況的記錄，為人力資源部門提供珍貴的資料。

通過這種持續的、周而復始的績效管理，可以在工作中不斷地發現問題及其原因，這正吻合了績效主義的最初面目：通過溝通防止和解決問題，而不是為了懲罰和責備。

二、宋江的績效管理——組織的績效始終大於個人的成就

雖然說宋江回避了績效評價，但不代表他沒有給梁山的好漢灌輸「績效管理」的理念。

首先，「出力多寡」其實就是梁山好漢的個人績效。

本來，上梁山的好漢們都是有把交椅坐的，這也是宋江和梁山團隊「引才」的妙招之一。

王倫時代，座次排得簡單，因為就是五個人，王倫、杜遷、宋萬、林沖、朱貴，很簡單就排出來了。

晁蓋時代，英雄也是排座次的，前三席一直是晁蓋、吳用、公孫勝，他們三個主席臺就坐，林沖依然排第四，主席臺下林沖為首，其後依次是劉唐、三阮等人。花榮、秦明等人上梁山後，其實沒排座位，只是原來的梁山老頭領坐左邊，新來的右首落座。後來，宋江潯陽樓題反詩、梁山泊英雄劫法場，宋江被逼上梁山後，宋江坐了第二把交椅，依然沒有排座次，依然是梁山泊老頭領坐左邊主位，包括花榮、秦明及江州來的一幫後來的好漢們坐右邊。

但是這一次，宋江給每位好漢們一個期望——《水滸傳》第四十一回是這樣描寫的——宋江道：「休分功勞高下，梁山泊一行舊頭領，去左邊主位上坐。新到頭領，去右邊客位上坐。待日後出力多寡，那時另行定奪。」眾人齊道：「哥哥言之極當。」這段描寫非常明白，宋江上梁山先不排座次，而是要留待以後看各位「出力多寡」再行定奪！這個出力多寡，其實就是梁山好漢的個人績效，坐把「好交椅」對梁山好漢有極大的誘惑。

好漢們為了將來能排個好座次、坐個好位置，自然要多出力，這就是充滿期望的成就激勵！因為有了坐把好交椅這樣的「期望」，才激勵眾好漢們在戰場上多出力、多流汗、多做好成績！

啟發：

概括起來，現代企業也少不了個人績效管理，那是讓你的員工完成工作的提前投資。通過績效管理，員工們將知道你希望他們做什麼，可以做什麼樣的決策，必須把工作幹到什麼樣的地步，何時你必須介入。這將允許你去完成只有你才能完成的工作，從而節省你的時間。總之，員工將會因爲對工作及工作職責有更好的理解而受益，如果他們知道自己的工作職責範圍，他們將會在其中盡情地發揮。

我們如果只是關注過去的績效，就是關注結果；如果更關注未來績效，就是關注過程。有些主管在考評員工績效時，只給出一個評價結果就認爲他的工作結束了，殊不知作爲主管，他的工作才剛剛開始。

人力資源經理在推動績效管理時經歷了自己學習、設計和推廣的過程。但動輒就要十幾頁內容的績效方案，不僅僅是人力資源部門相關人員理解就可以了，所有員工，尤其是評估主管都必須理解，並且理解的方向要與宣導的方向一致才可以。要理解這些和他們自身工作「不相關」的內容是要花些時間的，通常我們容易忽視這個問題，以爲大家看了就會理解，實際上，他們往往不會主動抽出太多的時間來看這些內容，特別是評估主管可能會按照自己的理解來給出評估結果，不重視績效計畫的制定，忽視績效輔導與溝通，甚至將一個工作小組所有人員的評估結果統一發給大家，不瞭解績效考核結果的回饋是需要一對一進行的，不瞭解考核溝通與計畫改進是需要考慮個性因素的。如果這樣推進下去，那麼無論多麼科學、完善的績效管理規則和評定標準都無法落地，更得不到有效的應用。

所以，要把對員工績效管理方面的培訓和宣導作爲日常工作來開展。首先，可將績效管理的原理、過程、規則和內涵製作成標準課件，每季度循環開一次課，課程中不僅要有理論的講解，還要安排案例討論、情景演練等研討活動。然後，人力資源部製作季度績效專刊向評估主管發佈，專刊內容主要以績效計畫制定和績效輔導回饋的案例爲主。最後，在每個月考核後，人力資源部都要將分析評估資料及做出的分析報告向全員發佈，讓員工瞭解部門的整體績效情況，以及個人努力的方向。

其次，「排座次」從某種程度上說是模糊的績效評定。

宋江上梁山後，雖然暫時不排座次，等以後機會成熟，看各人出力多寡再排，但這個過程不能無限制地等待下去！終於，當獸醫皇甫端上梁山後，梁山好漢達到了一百零八位，時間上、好漢數量上都不允許再等下去了……雖然策劃了「天命」一說，來回避各方的意見，但畢竟，座位是排了，績效還是給出了一個模糊的評定。

一是**能力優先**

對能力進一步分解，排第一位的是「領導力」：宋江、盧俊義以強大的領導才幹穩坐第一、第二把交椅，成為梁山的正副寨主；招安後南征北戰時，又成為正、副先鋒。能力中排第二位的要算智力，智多星吴用穩坐第三把交椅，並一直擔任正軍師，朱武排名地煞第一位，一同參贊軍務，並在分兵作戰時充任盧俊義的軍師。

能力中排第三位的是特異功能，公孫勝因為會法術，穩居吴用之後；神行太保戴宗因為具有日行八百里的特異功能，雖然武功平平，仍然在三十六天罡中排名二十；燕青也因為全才而名列三十六天罡之中；而聖手書生蕭讓、神醫安道全、獸醫皇甫端因為掌握了特殊技能，在地煞星中的排名也比較高。可見梁山對特異功能的重視程度。

能力中排第四位的是武力。三十六天罡中，除了宋江、吴用、公孫勝、柴進、戴宗以外，其他三十一人個個都是武藝超群，馬軍五虎將、馬軍八驃騎、步軍十頭領，個個都能在百萬軍中取上將首級；地煞星中的黃信、孫立、水火二將，武力也是可圈可點的，這一幫約百分之二十的強力戰將包辦了梁山團隊百分之八十戰鬥的勝利。

這裡要特別說明一下，很多學者認為，宋江之所以把「能力優先」放在第一位，是因為梁山泊英雄排座次時，梁山的使命並沒有結束，以後還要打大仗惡仗，還要依靠這些能力強的人去衝鋒陷陣。

啟發：

是管理，而不是簡單的考核。績效管理，是各級管理者和員工爲了達到組織目標，共同參與的績效計畫制定、績效輔導溝通、績效考核評價、績效結果應用、績效目標提升等持續循環的過程。績效考評只是績效管理中的一個環節，而我們在對員工進行績效管理的時候，容易片面地、盲目地把所有的精力都投入其中，而忽視了與其他環節的有機結合，其結果往往是零和博弈。所以，如果想在績效管理上實現雙贏，每一個環節都需要投入精力，不可脫節。要知道績效是管理出來的，不是考核出來的！

二是出力輔之

所謂出力，就是做出的貢獻，也就是管理中的績效。小李廣花榮的武藝比不上董平、張清、魯智深、武松、李逵等，但戰功絕對卓著，關鍵時刻經常是花榮的神箭幫助梁山扭轉戰局。所以花榮的排名高高在上，位居三十六天罡星第九位。金槍將徐寧因為獨門鉤鐮槍術，大破了呼延灼的連環馬，打退了進攻梁山的最強大的官軍力量（另一支強大力量是關勝），所以排名時力壓梁山元老赤髮鬼劉唐，排在三十六天罡星的十八位。雙鞭呼延灼因為兩次裡應外合都孤身犯險，智取青州、夜賺關勝，為梁山莊大立下汗馬功勞，而力壓花榮排在第八位。即如關勝、林沖等武藝超群之人，戰功也是非常卓著，所以綜合排名自然較高。而小旋風柴進，雖然沒什麼武藝，但是因為他是梁山的第一個大股東，正是他資助了王倫、杜遷才開創了梁山時代，又資助、幫助了包括宋江、林沖、武松在內的多位梁山好漢，對梁山的發展功不可沒，所以排名天罡星第十位。

啟發：

在設定績效目標時，需要通過反覆溝通與員工達成共識。目標的制定首先不能是管理者的一言堂，其次要符合SMART原則（即績效指標必須是具體的、可以衡量的、可以達到的、與其他目標具有一定的相關性、具有明確的截止期限），最後績效目標設定時最好控制在五至八個，每個目標的權重控制在百分之十至百分之三十之間。

在績效目標執行的過程中，主管對員工進行績效輔導至關重要，要及時幫助績效上出現問題的員工對工作內容和工作態度進行修正，以免引發員工消極情緒，甚至對工作造成重大影響；對績效上表現優秀的員工及時給予肯定和讚揚，鼓勵其再接再厲。而且績效輔導應貫穿於整個績效管理的過程，不是僅僅在開始，也不是僅僅在結束。

在考評結束後，主管需要與員工進行績效成效面談，面談前要做好功課：要清楚並能夠向員工描述考評情況，這是成功面談的前提；要考慮員工可能提出的質疑並做好溝通預案，尤其當員工考核結果排位靠後時，可能還會有強烈的負面情緒，要考慮如何做好疏導；面談內容避免只談結果，例如，不是向員工告知考核結果是「A」或者「B」，或者是做出你的考核結果不好、某項工作做得很差、某些方面的能力很差、不管你以後在哪工作都要注意這些問題之類的判斷，而是要對績效結果進行描述，讓員工清楚哪些方面存在什麼樣的差距，哪些方面要進行改進等，並且給予改進建議；要將公司的發展及對個人的期望、個人能力發展、職位晉升等相關內容融合在一起；面談時還要聆聽員工的聲音，切忌僅僅是主管一家之言。

三是**資歷適當考慮**

績效考核不能論資排輩，否則會挫傷後來者的上進心。但是績效考核也不能不考慮老員工的貢獻，否則會讓老將們寒心。梁山泊英雄排座次時，也適當考慮了梁山元老們的歷史貢獻。智取生辰綱後上梁山的吳用、公孫勝、劉唐、三阮、白勝，除了白勝以外，其餘人員均排在三十六天罡之列，梁山的早期元老林沖是武力、出力、資歷三結合的大才，排名一直在四至六名之間。即使杜遷、宋萬這樣的傻大個，也排在地煞的中游左右，位在會打鐵的湯隆之上。燕順、歐鵬、鄧飛、呂方、郭盛等因為隨著宋江上梁山較早，也在地煞中獲得了較好的排名。

啟發：

排名法宋江用過，在現代的企業系統也很常見，可能會在短期內刺激一些員工更努力地工作，以取得頭名。但從長期來講，對組織是有害的。一位員工欲取得好的名次，只有兩種途徑，一是通過自己的不斷努力，創造出高水準的績效，這是管理者樂於見到的，對組織績效提升也多有裨益。遺憾的是，實際中的管理經驗告訴我們，這種現象並不多見。

另一種途徑是他們想盡辦法壓低同事的工作績效，為他們的工作設置障礙。顯然，在排名系統裡，由於參照標的是同事，所以同事工作績效低就意味著自己的高績效。在這種緊張的氛圍裡，團隊精神往往被弱化，員工之間開始勾心鬥角，互助合作也成為表面文章，因為他們非常明白，幫別人就是損害自己的利益。長此下去，團隊精神的喪失會漸漸侵噬組織的健康。

與之相似，把員工分為A、B、C類的評級方式也有明顯的缺陷。評級方式太過模糊，在計畫績效、預防問題和保護組織、發展員工方面沒有什麼作用。而且，評級的方式比較膚淺，雖然比較容易評價，但沒有多少作用，甚至是負作用遠大於正向效應。

而目標和標準評價法是根據一系列事先同員工協商制定好的標準來度量員工績效的方式。目標和標準評價法在制定目標階段，需要經理和員工深入溝通，在執行和驗收時，也需要雙方多次協調。這種建立在深入溝通基礎上的考核，有助於組織協調單位之間的工作，有助於使個人的目標和組織的大目標相一致。當然，目標和標準評價法比評級法和排名法對管理者和員工的要求都高，管理者和員工都需要投入時間，但毫無疑問，這是最好的評價方法。

四是**組織的績效始終大於個人的成就**

績效雖然有個人績效和組織績效之分，但在水泊梁山，從來都是組織績效優於個人績效。只有當個人的績效服從於組織績效的時候，好漢才是真正的英雄，從這一點上說，宋江的理念是正確的，也正是本著這一點理念，他在給梁山的兄弟們排座次時，還是多少體現出了「績效激勵」的。

如果梁山的好漢們僅僅是大碗喝酒、大塊吃肉的話，那麼斷然不可能吸引到一百零八位好漢加盟的！對大多數梁山好漢來說，招安後，能到邊關為國家出力，拼著馬革裹屍的豪氣，一刀一槍，依靠有說服力的軍功，博得個封官賞爵，封妻蔭子，功成名就，衣錦還鄉，這是對絕大多數梁山好漢的終極誘惑，也是對梁山好漢的終極激勵。

所以，受招安以後，北征大遼、田虎、西征王慶、南征方臘時，梁山好漢們個個奮勇爭先，人人爭著要立功！受招安之前從來沒有記錄過軍功的宋江，在南征北戰時專門建立「功勞簿」，記載每一位好漢的軍事功勞。

北宋朝廷好像也懂這個期望理論，在征遼、征田虎、征王慶取得輝煌勝利的情況下，依然對梁山好漢們暫不封賞，一直到梁山團隊取得了南征方臘的最後勝利後，才依據功勞大小分封梁山諸將。

啟發：

我們剛剛開始做績效管理時，可能會面臨這樣的尷尬甚至是痛苦的狀況：除了推動員工自評、主管給所有下屬進行評價時受阻外，費力推動的評估結果放在那裡根本得不到應用；當經過績效管理工作的不斷宣傳和推動後，主管們和員工們認識到了評估結果的應用，卻僅限於年底發獎金和年初漲工資的依據，並且他們認爲這就是終極目標了。面對這種情況，人力資源部可推動業務部門共同豐富績效評估結果應用的內涵，使其不僅僅與薪酬相掛鉤，更與員工的能力和發展相結合，讓績效評估發揮更積極的作用。如：績效評估排名靠後的人員，根據績效驗收的溝通結果，針對能力弱項安排相應的培訓；通過績效管理持續提升員工的績效和能力，以達到組織績效提升的目的。

值得一提的是，在實際的工作中，應相對淡化年終評績效這個概念，要將全年目標分解，根據不同部門、不同崗位、不同行業的特點，來決定考評週期和考評的關鍵績效指標，月度考評、季度考評、年度考評貫穿始終。只有把工作目標貫穿於日常工作過程中，並將其細化，績效考核才不會流於形式，這樣績效評定的結果才更合理、更公平。只有結果公平了，員工認可了，績效管理才能起到正面的激勵作用，才能打造出真正的高績效組織和高績效文化。

三、梁山是一支「高績效團隊」

綜合來看，宋江帶領下的梁山，不失爲一支高績效團隊。他們具備了以下六種表現，值得現代管理者借鑒。

人人保持誠實與正直

高績效建立在團隊成員高度協同的基礎上，而協同的根本在於大家能夠相互信任和理解，信任則建立在誠實和正直之上。

事實上，無論是誰，都希望自己置身於一個值得信任和公平、公正的團隊之中，誰也不希望與一些不講信用的人一起工作。在取得成功的團隊之中，幾乎所有的成員都是值得信賴的，他們能夠按照計畫完成自己分內的工作，同時嚴格要求自己履行每一個承諾。

但是在另一些團隊之中，誠信和正直往往被遺棄，幾乎所有的人都言行不一致，也不值得信賴。更爲糟糕的是，他們往往會在團隊內部搬弄是非。這樣的團隊結局可想而知。

誠實和正直不僅是打造高績效團隊的基礎，還是我們爲人處世的根本，誰丟掉了它們，誰終將爲人們所擯棄。

始終保持積極溝通

良好的協同來自於積極有效的溝通，我們在研究團隊績效的過程中發現，幾乎所有的失敗都與溝通有關。很多團隊因爲溝通不暢，導致內部爭執不休，最終錯過良好的市場機遇；也有一些團隊因爲始終沒能取得一致的方向和目標而碌碌無爲。

溝通主要包括兩個方面：積極主動地表達和耐心細緻地傾聽。高績效團隊之中，成員們總是能夠做到這兩點。他們在獲得一個實施目標的方法之後，總是會主動與團隊中的其他成員進行溝通，而其他人會以一種耐心而客觀的態度傾聽，一旦發現這是一種有益的方式時，所有的人都會全力投入到其中。

人與人之間最有價值和意義的事便是溝通，如果沒有了溝通，任何目標都無法實現。

人人勇擔責任

團隊的績效取決於所有成員的責任意識。許多情況下，一個人的疏忽會造成整個團隊的失敗。因此，要取得高績效，團隊中的每一個人都必須保持高度的責任心。

現實當中，不負責任的員工隨處可見，很多企業爲「如何贏得員工的責任心」倍感頭疼。優秀的管理者知道如何行動，他們不但明確傳達團隊的目標，還清晰地告訴每一個成員所應該承擔的具體工作。最重要的是，他們總是以身作則，帶頭行動，成爲團隊之中的榜樣。當然，在每一次取得成功之後，他們總是不會忘記慶祝。

一支人人勇擔責任的團隊必定會實現高效率，而一支無人願意承擔責任的團隊只能以失敗告終。

時刻散發激情和自信

激情和自信是一個人取得成功的根本，同樣，成員是否具備激情和自信決定著團隊的成敗。

那些對自身工作充滿激情的人一定能夠將工作做好，但是，很多管理者往往只知道一味地追求結果，而忽略了團隊激情的培養和激發。我們調研了很多團隊，發現其中一些團隊的氣氛異常沉悶，每個人都表現得非常疲憊，他們從工作中獲取不到一絲絲的樂趣。這樣的團隊通常無法取得預期的結果，更別說取得高績效了。

成功的管理者將塑造員工的工作激情和自信心視爲自身的重要任務之一，他們在成功之後總是不斷激勵大家以取得更大的成功。在團隊遭遇失敗時，他們會引導團隊成員換一個視角，將失敗視爲通向成功的過程，並與大家一起探討走出失敗的策略和方法。

人人積極主動完成任務

幾乎所有的企業都在強調員工的主動性，每一位管理者都在向員工灌輸「積極主動」的重要性，因爲他們知道團隊的績效取決於團隊成員的績效。然而，現實中真正具備主動性的員工依然不多見，爲什麼?原因很簡單，僅僅傳播一些口號是沒有用的，要使員工以積極主動的心態投入工作，必須擁有一套完善的激勵機制。

高績效團隊通常擁有完善的激勵措施，管理者將每一次成功視爲團隊合作的傑作，使團隊的每一位成員都能夠感受到成功的喜悅，而團隊中的佼佼者則成爲無可爭議的榜樣。一旦如此，每一位成員都期望成爲最受尊重的那個人，由此，主動性將成爲團隊成員固有的特質。

人人樂於分享

著名諮詢公司麥肯錫有一個重要的工作法則：不要重新發明車輪。意思是當資料庫內擁有相同或類似的資料時，應該拿來應用，而不要再浪費時間和資源重新創造。這一方式適合於所有追求高績效的團隊。

要做到這一點，最好的方式是分享。在研究對象中，我們發現成功的團隊都反覆強調一個共同點：分享，不停地分享。甚至有一些管理者認爲：「沒有分享，就不可能有高效率！」

[第四章]

梁山的企業文化建設——願景是最有效果的激勵

如果把梁山比作一個企業，那麼它和現代企業一樣，也可分為創業期、發展期、變換期、壯大期，而從梁山防禦體系的完善及各頭領職務的變動，我們可以看到梁山是怎樣從一個原本只有三個人的小山頭逐漸成長為一個擁有一百單八將，且進能攻、退能守的「企業集團」，並且建立了自己的文化品牌的。

俗話說「盜亦有道」，宋江主政下的梁山的企業文化建設，不僅有其必要性，而且還產生了較好的鼓舞人心、激勵士氣的作用。

從梁山「集團建設」看企業文化

梁山集團的創始人是落第秀才王倫，但是由於其胸懷氣度有限，只能做一個鄉鎮企業的副廠長。而從國有大型企業中跳槽出來的林沖是見過大世面的，他早就看出王倫不是成大事業的材料，遂一刀殺之，擁氣度如海、霸氣外露的晁蓋爲董事長。此後，梁山才開始從鄉鎮小作坊開始走向民營化，並最終成爲稱雄一地的綜合企業集團。

一、梁山領導的個人文化標籤：企業領導與企業文化

晁蓋外號「托塔天王」，個人業務能力突出，平生仗義疏財，為人義薄雲天，專愛結交天下英雄。在宋徽宗時代的市場環境下，他這一獨特的人格魅力極具號召力，他初上梁山時身邊就有吳用、阮氏三雄及劉唐等骨幹人才。晁蓋在梁山當權後，憑其名震天下的個人名聲，很快就聚集一幫人才，開始向外擴張，將梁山周邊的小公司

一一吞併。

原本是政府公務員的楊志護送生辰綱卻被晁蓋給搶了，但楊志最終被其人格魅力所感也加入了他的集團，這在當時具有極大的號召力。其他持觀望態度的人會說：你看，楊志都去了，咱們還不去？

在對待員工的問題上，晁天王的表現也確是仗義和大度，救下與自己素昧平生的劉唐，作為一山之主親自前往江州救宋江。梁山的恩人柴進有難，被陷於高唐州，晁蓋也是一心要前往搭救。由此可以看出，晁蓋對待兄弟的確仗義，能做到富貴不忘本，絕對配得上好漢二字。對待兄弟、對待朋友，晁天王可以做到兩肋插刀，出生入死，不顧自己的危險，甚至出賣過自己的白勝，都托人救出。所以說晁天王義氣深重毫不過分。

可以說，梁山集團之所以能夠興旺起來，最初得益於晁蓋的人格魅力。這種魅力就是當時梁山集團的企業文化的外在表現形式，而其核心價值觀就是一個「義」字，所以把梁山當時議事的大廳起名為「聚義廳」。但是直到晁蓋死時，梁山還沒有一套成熟的企業文化體系。

已經頗具規模的梁山集團面臨著戰略發展的根本問題，當解決了「活下去」的問題時，走向哪、為何而走等等這些問題如果不解決，梁山將終究只是一個不起眼的民營企業。直到梁山集團的另一個主要領導人宋江的加盟才徹底改變這一現狀。

宋江「替天行道」的提出對梁山集團而言具有里程碑意義。雖然當時的市場環境以及法律法規的不健全也給了他們較大的發展空間，但是，梁山集團所從事的多是非法暴利經營項目卻是不爭的事實，他們必須有一個合法的理由及一套可以為所有員工信服的理論基礎，這就是梁山信條「替天行道」的提出。

「替天行道」者，代上天主持公道也。在那時，「天、地、君、親、師」是毫無疑問的權威，何況天意從來難問，梁山集團終於找到了一面可讓「各路流氓打天下」的文化「合理大旗」。

此時晁蓋的個人權威開始退居其次，無數事實說明，任何個人權威凌駕於組織之上都是危險的。而且企業發展到一定程度之後，晁蓋的領導能力已經開始成為阻礙企業發展的重大障礙。做為一個重要領導者，此時應該總攬全局，關心戰略問題，可他還是一味好勇鬥狠，一些具體的業務（攻打曾頭市）還要親自出馬，總是與低級員工混在一起，最終因工傷死亡（被毒箭射死）。

但是此時梁山已經有了成套的管理體系與成熟的企業文化了，儘管老大的因工而亡對他們是一個打擊，但是這種打擊顯然是可以承受的。需要注意的是，「替天行道」這一信條留有極大的解釋空間，最終也導致了梁山集團的破產。

梁山集團各中層幹部的背景都相當複雜，以前都是稱雄一方的霸主。要想做他們的老大，當然得有兩把刷子，但是宋江是一個異類，是一個完成不同於晁蓋的優秀領導者。

宋江自評「貌黑身矮，出身小吏，文不能安邦，武不能服眾，手無縛雞之力，身無寸箭之功」。（《水滸傳》六十八回）但是宋江同樣也是一個有著強烈個人魅力的人。

其一，他人稱「及時雨」，在職場擁有急公好義的名聲，梁山集團上一大幫中層骨幹都曾經受過他的恩惠，曾經為救晁蓋幹過殺妻的事。

其二，他又人稱「呼保義」，孝敬父母那是出了名的，這又為他的個人形象加分不少。

其三，宋江自幼讀儒家書，受傳統教育，文筆精通，曾在潯陽樓中題過反詩，算得上一個文化人。

其四，他做過很長一段時間的縣衙押司（相當於機關中的文書或秘書），養成一種辦事謹小慎微、隨機應變的個性，同時他對玩弄權術還有一定的能力。

以上這些還不足以讓他當上梁山集團的董事長，最重要的一條就是他身無武功，基本上沒有什麼具體的業務能力，這在梁山集團各勢力在爭老大的時候，反而成為了一種優勢。宋江很善於企業文化建設，他懂得給手下的員工們一個美好的願景。同時宋江對梁山集團的管理體系進行了梳理，使得架構更為嚴密。更為重要的是，他在思考，梁山集團的明天在哪裡。

宋江掌權後還辦了一件看似不起眼的大事，即把「聚義廳」改成了「忠義堂」。許多人不理解宋江的做法，但也昭示著梁山集團即將實行的戰略轉型。

宋江在接受宋朝趙氏集團的兼併重組條件後，改「替天行道」這一企業信條為「順天護國」。他解釋說，以前的「替天行道」替的是天子，趙氏當時是皇帝，自稱天之子。至此，他手下的員工們才明白過來，替天行道是在幫皇帝做事。宋江還怕手下不明白，直接改旗為「順天護國」。順者，歸順也！主要領導人既存此心，企業與員工的命運可想而知。

梁山集團被兼併重組後，梁山員工看似衣錦還鄉，但是論玩權術，一直混在小吏階層的宋江如何是趙氏集團CEO高俅的對手？趙氏集團給他們的第一個任務就是吞併方臘集團——一個當年與他們同病相憐的集團。一場慘烈的整合之戰後，梁山集團勢力基本瓦解，最終高俅逼宋江服毒酒而死。梁山集團員工死傷大半，剩下的都終老於江湖。

一個曾經轟轟烈烈的大型集團，終究灰飛煙滅，從此，江湖上只流傳著他們的傳說。

我們由此可以得出結論：談企業文化，企業領導者是繞不過的。

首先，企業領導者在企業物質文明和精神文明建設中的決定性作用，決定了其對企業文化的重要影響。

比如國外一些知名公司，公司董事長就是公司的創始人，任職時間長，有的甚至是終身，其對企業文化的影響十分明顯。日本松下電器公司的松下幸之助強調「為人要老實」，以「老實」要求自己，堅持老實作風，要求整個松下電器公司決不故意生產或銷售有缺陷的商品來欺騙顧客。這種「決不矇騙顧客」的經營信條，正是松下幸之助「老實」哲學的反映。

國內一些私營企業，從經營到管理，從產品到理念，從小發展到大，無一不在企業精神中深深打上企業領導人個人的烙印，表現出企業領導人獨特的個性。因此，有些人甚至認爲企業文化就是企業一把手的文化。儘管這種看法未免有失偏頗，但在一些企業裡，其企業文化的確明顯體現出一把手的「特徵」，每一任領導者都會自覺和不自覺地對該企業的企業文化發展產生一定的影響。

企業文化因其時代、地域以及企業的特點不同而各具特色，企業文化的形成是要經過一段時間的積累和提煉，並在實踐當中逐漸形成的，它首先要爲本企業的職工所認同。企業文化與企業領導者是相輔相成的。一方面，它由企業領導者所塑造、宣導，是處於從屬地位；另一方面，它又能主動地作用於企業領導者。

企業文化一旦形成，就可以發揮其導向、約束、凝聚、激勵、輻射等五種功能，特別是在企業的軟文化方面，如價值觀念、企業精神等方面影響更爲突出。

如果一個企業的領導人是從本企業一步一步走上來的，那麼，本企業的企業文化對他已經產生了潛移默化的影響，就會影響他的決策和價值取向。如果是從別的企業調來的企業領導人，由於企業文化的慣性作用，企業文化會和企業領導人的觀念在某些方面發生衝撞，雙方會有一個互相影響、不斷調適的過程。企業領導人首先要適應已形成的企業文化，企業文化也因企業領導人的管理理念及方式發生某些方面的改變，這樣就會形成新的企業文化。如果新來的領導人與企業文化不相適應，那麼他就很難駕馭好這個企業。

其次，企業領導者要充分發揮企業文化在企業管理中的重要作用。

企業領導者在做企業管理時，一定要十分注重企業文化的建設，要經常地宣導、貫徹、實踐，讓企業文化這支無形的手協助推進企業快速發展。企業文化具有相對的穩定性，是連續的，作用也是長期的、潛移默化的。

有些企業領導人不顧及企業文化的連續性，上任以後自成體系，另起爐灶，輕易地否定前任領導人保持的好傳統、好作法，致使企業隨著企業領導人員的素質高低而出現大起大落，隨著企業領導人的更替而發生變化。這種企業就是不成熟的企業，其企業文化是一種低層次的文化。

當然企業文化並不是一成不變的，它也應與時俱進，隨著時代的前進而不斷發生改變。企業文化是受社會文化的大環境所影響、所支配的，同時，它又會對社會大文化產生影響。

如果是一位成功的領導者，他做的第一步就是要注重企業文化的塑造和提升，要精心塑造本企業的價值觀念，使職工都有一個崇高的信念和目標，感受到工作的巨大意義和生存價值，並內化爲他們自身的精神動力。

但是企業領導人如果僅僅把提煉出來的價值觀作爲一般口號來宣傳，而不付諸於實踐，那還形不成企業文化。如有些企業請來策劃公司，爲本企業量身打造出一些「企業文化」僅僅用於宣傳，可企業的實際卻不是那麼回事，這樣做是企業文化的「虛化」。

因此，企業領導人要做的第二步也是關鍵一步，就是要將總結和提煉出的本企業的價值觀，付諸於實踐，要腳踏實地地、持之以恆地獻身於這些價值觀，並滿腔熱情地、堅韌不拔地去貫徹、宣傳、灌輸和捍衛這些價值觀，使企業的價值觀在職工中形成共識並紮下根。特別是企業領導人更應帶頭身體力行，如日本的松下電器公司，松下本人就是通過自己的言傳身教來貫徹企業的宗旨的。他認爲，經理的行爲是對下屬人員進行身教的一種強有力形式。

優秀的企業文化應當是全面的、平衡發展的，而不能偏頗於某一方面。優秀的企業領導人應當以人為本，重視企業文化的建設，應當尊重人、理解人、關心人、激勵人。

第三，能否為企業指明一個擁有未來的發展方向，是評價領導者優秀與否的重要標準。

領導者首先必須是一位戰略家，擁有出色的前瞻能力，並能夠將對未來的構想轉化為現實的執行。制定企業發展方向，必須注意以下三個核心因素。

因素一：**適應行業發展趨勢**

一旦某個企業脫離（或是背離）其所在的行業，結果可想而知。例如，目前許多產業已經開始向服務型轉變，如果經營者還死守著製造不放，面臨淘汰是必然的。如果郭士納沒有引導ＩＢＭ走上ＩＴ服務產業，恐怕很難引領這頭巨象走出深淵。

因素二：**符合市場發展需求，為顧客創造價值**

企業得以存在的根本在於市場需求，如果企業所提供的服務和產品不能夠適應消費者的需求，必將無法繼續生存下去。如今，滿足市場需求幾乎已經成為所有企業的發展宗旨，但是，真正以實現顧客價值為核心經營原則的企業卻屈指可數，愚弄、欺騙顧客的現象仍然隨處可見。當隨著消費觀念和意識的不斷提升，可供消費者選擇的機會越來越多時，那些無視顧客價值的企業將遭遇無人問津的結局。

因素三：**適應企業發展需要，創造企業可持續發展**

許多領導者在制定企業發展戰略時容易犯兩個錯誤：一是符合企業短期利益，卻以犧牲未來爲代價；二是制定的方向脫離了企業經營實際，根本沒有走向這一方向所需要的資源。因爲這些錯誤失敗的企業數不勝數，因此，平衡長期與短期利益，並對企業自身擁有的資源有一個清晰的認識，是領導者必不可少的素質之一。

領導者的一個錯誤決策很可能會葬送整個企業，尤其是那些決定企業發展方向的決策。因此，在爲企業制定方向時，必須嚴謹慎重。同時儘量讓員工參與進來，往往處於服務一線的員工對行業和市場的發展擁有更爲清晰的認識，而且，隨著知識型員工逐漸成爲企業主體，他們要求企業的發展方向能夠體現自身的價值，對參與企業方向制定必將充滿興趣。未來的領導者不僅要依據戰略規則制定出明確的企業發展方向，還需要將這一方向與員工們的社會價值聯繫起來，使企業與全體員工成爲一個整體，走向共同的發展方向。

二、用市場的因素看待宋江「企業文化」的局限性

著名的文學批評家金聖嘆對宋江極為不滿，罵宋江是「下等人」，因為宋江最終把梁山集團帶到了破產。

其實，金聖嘆只是文學批評，他沒有在企業中待過，不懂得用市場的因素來批判。

宋江從改「聚義廳」那天起，就想到了走向聯合兼併之路，他壓根就沒有想過要與其他的集團一樣把事業做大，建立起自己的王國。撇開文學作品的角度來看，這是宋江個人文化的局限性，也是梁山企業文化的局限性。

這種局限性至今還在很多現代企業，尤其是中小企業中存在著。對這些企業來說，企業文化是一種時髦，但究竟爲什麼搞企業文化，卻存在認知誤區。主流觀點是爲了把企業做強做大，爭當百年老店，成爲一流企業，提高核心競爭力，實現利潤超標計畫……於是，用企業的遠景、目標鼓舞員工，用企業的價值理念引導員工，用考核獎懲規範員工，用教育培訓提升員工，用溝通、參與鼓勵員工，總之是讓員工努力工作、好好幹活，而員工的情緒與情感被嚴重忽視。

這種觀點認爲，企業就是物物交換的場所，老闆追求效益，員工索取報酬，管理就是考核，幹得好獎勵，幹得差扣罰，不好的就辭退。企業絕大多數時間是研究事——制定戰略、確定目標、分解指標、考核績效，很少研究人，可是，事是人做的，而人不僅有利益動機，還需要尊重、信任、肯定和關愛。員工在考核、獎懲、升遷、調動過程中以及對待工資、福利等問題的處理會產生某種情緒，甚至不滿，企業往往對這種不滿缺乏化解的機制與排解的管道，表現爲睜一隻眼閉一隻眼、熟視無睹，不滿情緒的積壓爆發就會發生勞資衝突與各種意外事件。

那麼，企業文化的宗旨和目的究竟是什麼呢？

「企業經營」、「商業活動」，不同的國家有不同的解釋，不同的人有不同的理解。但是迄今爲止，對這個概念表述最生動、最形象、最深刻的，還是我們老祖宗發明的一個詞：做生意。

企業戰略的本質特徵就是發展性，不僅吃著碗裡的，看著鍋裡的，還要盯住田裡的。古人說：「不謀萬世者，不足謀一時；不謀全局者，不足謀一域。」企業戰略關係到整個企業的方向路線和大政方針，戰略的制定過程就是企業對外部環境的機會與威脅的系統研究和分析過程，就是對企業優勢與弱勢的全面認知和確認過程。

爲保證企業能選對正確的發展方向，走上持續健康的發展之路，在制定企業文化時應當把握四個關鍵點：

一是**整體性**：整體性是相對於局部性而言的，就是企業的戰略謀劃要立足全局。所謂全局，不是區域性的概念，也不是國土疆界的概念。在經濟全球化的背景下，沒有全球的視野，就不是真正的戰略。因爲，基於全球的眾多商業因素，已成爲影響和決定企業生死存亡的重要條件。公司的產品、服務、品質、價格、管理、人才、模式等，都必須在全世界範圍內來評估其優勢，而不能以本地區和本國的優勢爲基準點和目標值。只有立足於全球化的產業佈局，找到自己的位置，才有生存和發展的空間。

二是**長期性**：長期性是相對於短期性而言的。人無遠慮，必有近憂。企業在眼前過得很開心的時候，一定要有風險意識和憂患意識。在知識經濟的大背景下，市場可以說是瞬息萬變、危機四伏，如果企業稍微放鬆警惕，一個巨浪過來就會「船毀人亡」。因此，企業對未來進行謀劃是頭等大事，企業對未來的問題不但要提前想到，而且要提前動手去解決。俗話說：「桃三李四杏八年，核桃掛果要十年。」為了吃桃子，三年前就要種桃樹；為了吃李子，四年前就要種李樹。

三是**先進性**：企業參與市場競爭的技術、產品或服務一定要有先進性。這個先進性不能是自己和自己比，要站在行業的高度，用全球的標準來審視，同時，還必須和對手去比。如果某些方面有一定優勢，那就要從戰略的高度強化優勢，拉大與競爭者的差距。只有具備了充分而明顯的先進性，才能成為市場的主導者，也才有機會做大做強。如果沒有優勢，那就必須採取強有力的措施，提升自己的優勢；如果經過努力，根本沒有可能超越競爭者，那就應當從戰略上做出調整或放棄的決策。總之，沒有在本行業中的重要地位和先進性，就沒有真正的競爭力，局部的成功也是暫時的，必將走向衰敗。沒有全球意義的先進性和競爭優勢，就不要做國際化的美夢，即使走出去了，也活不下來。

四是**執行性**：企業戰略是站在宏觀經濟與行業發展的基本點上，結合企業的競爭能力和資源狀況，制定出既有前瞻性又有可操作性的發展規劃。如果企業的戰略規劃不能和競爭對手形成明顯的差異，就很難打敗對手。企業與企業的競爭，最終的勝負主要體現在戰略規劃的執行上。因此，執行性是企業戰略能否落地生根的關鍵。執行性是一個系統化的問題，不僅涉及企業的內部因素，更涉及宏觀的經濟形勢、市場環境和國家的方針政策。只要有一個環節出現問題，企業的戰艦就可能擱淺灘頭。

三、梁山的文化何以深入人心：讓員工參與企業文化

站在如今市場經濟的角度來看，宋江的企業文化是有不少局限性的。但是回到《水滸傳》書中，梁山的企業文化其實已經深入到梁山的每一個成員心中了！他們哪怕是單獨執行任務，也會不自覺地想到自己是團隊中的一員。

《水滸傳》六十二回，盧俊義被綁赴法場，即將被問斬時，拼命三郎石秀從樓上跳下，大叫一聲：「梁山泊好漢全夥在此！」啥叫「全夥在此」？不就是梁山整體團隊都在這嘛！這說明梁山的「企業文化」已經成為梁山好漢們奮勇向前的強大動力和工作習慣。

梁山的文化何以深入人心呢？可從以下幾個方面概括：

一是明確的目標

團隊的第一個特徵就是要有明確的目標。因爲目標就是方向，目標就是使命，目標也是追求的動力源泉。

梁山本來也沒什麼目標。王倫、晁蓋時的梁山，基本上過的就是做一天和尚撞一天鐘的生活，今朝有酒今朝醉。宋江上梁山後，開始謀劃梁山的出路，逐漸確立了「盡忠報國」的遠期目標，「替天行道」的中期目標，「打勝仗」的近期目標。目標明確了，好漢們都有奔頭了，特別是那些有著一腔報國熱血的英雄好漢們都有了盼頭了。有了盼頭，幹起活來就有幹勁，打起仗來也有衝勁。

啟發：

艾德蒙斯認爲：「偉大的目標構成偉大的心。」一個人之所以偉大，是因爲他樹立了一個偉大的目標。偉大的目標可以產生偉大的動力，偉大的動力導致偉大的行動，偉大的行動必然會成就偉大的事業。小目標，小成功；大目標，大成功，這個成功規律永遠不會改變。

因此，只有擁有一個遠大的目標，企業才能夠高瞻遠矚，取得大的成功。著名作家高爾基告訴人們：「目標愈遠大，人的進步愈大。」因為大目標會告訴人們能夠得到什麼東西，大目標會召喚人們採取積極的行動。當我們心中有了大目標的宏圖，就能從一個成就走向另一個成就，得到一個又一個快樂。

那麼，領導者如何設定一個目標使員工同心協力呢？

第一是要**保持組織完整性**。

保持企業的完整性，或許在許多領導者眼裡不能稱作問題。但是，一旦你的企業規模足夠龐大，員工的個體意識高度復蘇，同時面臨激烈的市場競爭卻難以迅速作出應對措施，這時你就得把維持企業的完整性作為一項重要職責。而這一切對於一家發展中的企業似乎無法避免。

對於如何保持企業完整性，郭士納維持IBM的完整性或許會給我們一些啓發。

在四處尋求拯救者時，眾多董事似乎已經決定將IBM這頭大象支解，他們認為將IBM拆分為幾個獨立的單位或許是唯一拯救IBM的方法。郭士納卻認為，分佈在世界各地的分支機構正是IBM獨特的競爭優勢，將它們「分裂成一個一個獨立的電腦零部件供應商，如大海中的一條小魚一樣微不足道」，這無疑是「一種罪過」。

但是其他企業，如微軟、英代爾等公司，紛紛選擇電腦行業中的某一專項服務而成為成功者，這對於IBM的員工和董事會成員有著極大的誘惑。郭士納頂住了來自各方的壓力，從而制止了「公司走向分裂，也可以說是走向毀滅」。

郭士納在其自傳《誰說大象不能跳舞》中說：「保持IBM的完整性，是我的第一個戰略決策，而且，我相信，也是我所做的最重要的一項決策，不僅僅是在IBM，也是我整個職業生涯中最為重要的一項。」

通過對整個電腦行業的分析，郭士納堅持了以下觀點：

一、每個產業都會有一個整合者。他認為電腦產業一定會出現一個統籌者，擔負著將所有產品部件轉換成價值的責任，同時，他認為IBM正是這樣一個整合者。「如果說IBM有什麼獨特的位置和行動能力的話，那麼，它就應該是那個最後的整合者。」

二、IBM擁有整個行業所能夠提供的技術和服務能力，這是IBM的優勢，而不是劣勢。在電腦行業尚缺乏統一的產業標準時，惟有IBM具備制定這一標準的能力。

三、客戶並不希望出現多個只提供局部服務的供應商，他們更期望獲得一個能夠解決一切問題的供應商。

在這些見解的指導下，他毅然停止了一切會導致公司分裂的內部活動。如果郭士納不能夠保持IBM的整體性，IBM將被分散為眾多細小的個體，這些個體將脫離

IBM，獨立為一些人自我的「俱樂部」。

尤其是在個體復興的時代，這些情況更易發生在以知識性員工爲基礎的團隊裡。因此，能否保持企業的整體性，是未來領導者必須面對的挑戰之一。

第二是**明確方向**。

領導者最爲重要的兩項工作是明確方向和實現目標。明確方向給予員工清晰的未來，使他們明白自身所做的一切是有價值和意義的，而實現目標則是價值的具體體現。

德魯克對領導者的定義是：「一個擁有跟隨者的人」。指明方向正是讓他人跟隨的第一項領導能力，沒有人願意跟隨一個缺乏「方向感」的領導者。

作爲企業的領導者，制定方向並非易事。制定個人的發展方向似乎並不複雜，但是，制定一個團體的目標，而且這一目標還要獲得團體的每一個成員的認可並不容易，在個性復興的時代裡更是如此。

二是激發員工的幸福感

梁山的名聲大了，好漢們下山打架，都會很自豪地宣佈，我是梁山泊的某某某。

由於豪氣干雲，往往未戰對方就膽怯了，甚至一些社會的無良分子還冒用梁山泊的名號到江湖上招搖撞騙。

在梁山團隊裡，成員們都以親自去實現梁山的目標為榮。要打仗時，宋江問：哪位兄弟願往？往往是一大片「小弟願往」的回答聲。

團隊的這種向心力和凝聚力非同一般。在梁山這個團隊裡，充滿了積極、陽光、蓬勃向上的朝氣與活力，團隊的每個成員都充滿了樂觀主義情緒。因為有了旺盛的士氣，幹起活來、打起仗來，往往勢如破竹、無往不勝。

啟發：

不受尊敬的團隊，員工唯恐避之不及，何來幸福可言？很多人才選擇公司的首要條件就是自豪感。要想建設一個真正幸福的團隊，就必須做一個受人尊敬的團隊。

榮譽感（包括個人和集體榮譽感）是使人積極向上、建立功勳的強大動力。榮譽感和自豪感是一個團隊戰鬥力的真正來源，一個沒有榮譽感的團隊是沒有希望的團隊，一個沒有榮譽感的員工也不會成爲一名優秀的員工。

從事任何一項工作，都必須依靠一種精神力量和內在動力去推動。一個沒有榮譽感的員工，能成爲一個積極進取、自動自發的員工嗎？如果不能認識到榮譽的重要性，不能認識到榮譽對自己、對工作、對公司意味著什麼，又怎麼能爲公司爭取榮譽、創造榮譽呢？

能夠維護公司利益的員工都具有強烈的榮譽感。有榮譽感的員工，會顧全大局，以公司利益爲重，絕不會爲個人的私利而損害公司的整體利益。他們清楚地知道，只有公司強大了，自己才能有更大的發展。

榮譽感是團隊的靈魂，對團隊的意義非同小可。每一個團隊都應該對自己的員工進行榮譽感的教育，以喚起每一個員工對自己工作的榮譽感，讓員工感覺團隊以自己爲榮，那麼他也必定會煥發出無比的工作熱情，在爭取榮譽、創造榮譽、捍衛榮譽、保持榮譽的過程中，個人也不知不覺地融入到集體之中，獲得了更好的發展。

我們的榮譽感來自團隊的管理，蘊含在團隊文化中。我們要有物質的鼓勵，也不能冷卻精神的激勵，當一個團隊能讓他的員工衣食無憂的時候，就該考慮員工的精神需求了。

爭取榮譽的過程就是員工精神文明的體現，它可以帶動員工的積極性，轉變員工的懶惰心。好的團隊要讓自己的每一位員工都有爭取榮譽之心。有了這種文明的競爭拉動員工的積極心，激勵員工全身心地投入，才有公司的日漸強大。

在創造榮譽的時候，要給每個員工良好的發展空間。有很多的員工都有自己的想法，都有自己的長處，都在尋找表現自己的機會。團隊領導要給予每位員工公平的機會，同時也要建立足夠完善的獎罰制度，在公平競爭中可能會創造出光輝的榮譽，有了這種創造精神才能使團隊出現不可想像的奇蹟。有了第一個好的創造，就會有更好更大膽的第二個、第三個、第四個奇蹟。

捍衛榮譽就是要讓每一個榮譽都是透明的。員工捍衛榮譽的前提是團隊管理者要做到公正，在領導公平公正的情況下，所有員工可與得到榮譽的員工比較，這樣才能使沒有得到榮譽的員工正確看待，並努力爭取榮譽。

保持榮譽就是把人人都在乎的光榮傳遞下去，有一個固定的時間來審閱這個榮譽。對那些有了榮譽就忘本的人，要及時給予正確的引導，對沒有得到榮譽的人要鼓勵，並給得到榮譽的員工們定下新的目標。不要存在榮譽像輪子一樣轉的想法，今年轉到了你，明年就一定是他。不要讓得過榮譽的員工認爲有了一次下次就沒機會了，不要讓那些曾經光耀過的人褪色，要讓這種精神永遠活在團隊當中。

所有的團隊都想永久不衰，只有讓員工的上進心不斷更新才能保證團隊常青。有了物質並不代表就沒了怨言，物質是生存的必需品，精神是團隊的保鮮劑，在好的團隊裡物質和精神應該齊上陣，不要有了物質就忽略了精神的重要，物質的獎勵只能讓團隊保持現狀，而精神的激勵可以讓團隊的明天更輝煌。

三是人才比戰略更重要

梁山作為一個團隊，最終是要實現其遠、中、近期目標的，這就要求團隊成員必須具備達成目標的必要技能。梁山團隊在這方面可以說是勝任的、合格的，因為梁山網羅了幾乎各種技能的人才。領軍的除了宋江還有盧俊義，當軍師的除了吳用還有朱武，會法術的有公孫勝和樊瑞，五虎將的戰鬥力可以和蜀漢五虎將一較高下，武松、李逵、魯智深是能打虎、能拔樹的大力士，一李二張三阮的水戰技能冠絕古今，打探情報有神行太保，潛伏敵後有鼓上蚤時遷，安道全妙手能回春，皇甫端善醫病馬，就是捧旗的還有比姚明都高的郁保四。正是因為人才濟濟，梁山團隊的戰鬥力才空前強大，取得了百戰百勝的驚人效果。

啟發：

在廿一世紀，無論怎樣渲染甚至誇大人才的重要性都不爲過。廿一世紀是人才的世紀，廿一世紀的主流經濟模式是人才密集型和智力密集的經濟。擁有傑出的人才可以改變一家企業、一種產品、一個市場甚至一個產業的面貌。例如在Google公司最頂尖的編程高手Jeff Dean曾發明過一種先進的方法，該方法可以讓一個程式工程師在幾分鐘內完成以前需要一個團隊做幾個月的工作。他還發明了一種神奇的電腦語言，可以讓程式工程師同時在上萬台機器上用最短的時間完成極爲複雜的計算任務。毫無疑問，這樣的人才對公司來說是有非常特殊的意義的。

對於廿一世紀的企業管理者而言，人才甚至比企業戰略本身更爲重要。因爲有了傑出的人才，企業才能在市場上有所作爲，管理者才能真正擁有一個管理者應有的價值。沒有人才的支持，無論怎樣宏偉的藍圖，無論怎樣引人注目的企業戰略，都無法得以真正實施，無法取得最終的成功。

因此，企業管理者應當把「以人爲本」視作自己最重要的使命，不遺餘力地發掘、發現人才，將適合企業特點的優秀人才吸引到自己身邊。通常，一名管理者如果不能將百分之十至百分之五十的工作時間投入到招聘人才的工作中，那麼，他就無法讓自己的團隊獲得持久的動力，他就不是一名合格的管理者。

當然，這裡所說的「招聘」並不僅僅限於直接的面試和聘用行爲，它也包括更多地結識業內的朋友，建立自己的人際關係網路，以便從中發現更多、更好的人才。

好的管理者重視員工的成長，給予人才最大的發展空間，爲人才提供足夠的培訓和學習機會。

李開復開始創立微軟中國研究院和Google中國工程研究院時，雇用的人才中有很大一部分都是剛剛走出校門的畢業生。這些畢業生都非常聰明，擁有很好的發展潛力，都是來自中國各名校的頂尖人才。但是，他們普遍缺乏工作經驗，於是，李開復對他們採取的是「指導培養」的原則。每一位新員工加入後都會經歷三個月的培訓，他使用自己親自為他們設計的課程，一節課一節課地為他們講解各種相關的知識、經驗。而在Google中國工程研究院，培訓的時間更長，包括各種課程、到總部進行三個月的培訓，甚至公司還願意出學費讓員工到史丹福大學讀碩士。

當然，公司安排的培訓並不是純粹的課程學習，也要求員工能很快投入到具體的工作中。在員工剛加入的初期，優秀的領導者會儘量分配給新員工一些不是特別緊急的項目，並允許他們在工作中犯錯誤、積累經驗。經過這種實踐與學習緊密結合的培訓，幾乎每一位新員工都得到了長足的進步，很快就適應了實際工作的需要。

很不幸，今天有不少企業對人才的思維方式仍然保持在上個世紀的水準，他們認為員工只是企業這台「大機器」中的零件或勞動力，不願意花大力氣培訓員工，生怕他們接受培訓後就「跳槽」、「走人」。這是非常短視的看法，這種不重視員工成長的做法只會讓更多的員工「跳槽」、「走人」。

只要擁有人才，企業就可以實踐宏偉的戰略。反之，如果沒有人才，再壯麗的企劃也只能是一紙空文。

四是團隊比個人更重要

團隊最大的特徵就是可以互相合作、互相配合。梁山的團隊文化也充分體現了這種合作和配合，也可以說梁山團隊的合作與配合是非常強的。

其實，在團隊裡，除了要分工明確、各負其責、各盡職守外，更重要的是互相配合、互相協調、互相幫助、互相補位、互相補強。

宋江二打祝家莊時，王英打不過扈三娘，歐鵬上；歐鵬打不過，鄧飛再上；鄧飛打不過，馬麟上；最後林沖上來捉了一丈青。這就是團隊的互補、互相幫助。在三打祝家莊取勝後，為了賺李應上山，宋江和手下兄弟們互相配合、互相協助，合演了一場好戲，把李應騙上梁山。吳用定計賺徐寧時，也是時遷、湯隆、樂和互相配合、互相協助，才把金槍將徐寧賺上梁山，並最終大破了呼延灼的連環馬。

團隊是一個整體。在團隊內部，自然就有一種上下同心的抱團取暖式的團結，這種團結來自於內部成員自下而上的大力支持。在梁山團隊裡，對團隊的內部支持主要體現在眾好漢們對宋江、吳用、盧俊義等梁山團隊領導層的支持。不論是宋江領兵打仗還是盧俊義領兵打仗，眾好漢們都是大力支持。內部支持的另一個表現就是對於團隊領導層所做出決策的無條件擁護。宋江想請盧俊義上山，吳用和李逵就冒著危險跑到北京大名府去，甚至不惜背著罵名，使出惡毒計策，讓盧俊義家破人亡，最後被迫上了梁山。宋江、晁蓋為賺朱仝上山，讓李逵殘忍地殺害了無辜的小衙內，李逵眼都不眨地就去執行了。宋江征高唐州，遇到高廉會妖術，去薊州搬取公孫勝，公孫勝雖然不願意，但為了團隊利益，毅然跟著戴宗回來。像其他重大決策，比如受招安、征方臘等，梁山好漢們雖然心中頗有微詞，但為了團隊大局，依然大力支持。

啟發：

在任何一家成功的企業中，團隊利益總要高過個人利益。企業中的任何一級管理者都應當將全公司的利益放在第一位，部門利益其次，個人利益放在最後。

這樣的道理說起來非常明白，但放到實際工作中，就不那麼好把握了。例如，許多部門管理者總是習慣性地把自己和自己的團隊作爲優先考慮的對象，而在不知不覺中忽視了公司的整體戰略方向和整體利益。這種做法是非常錯誤的，如果公司無法在整體戰略方向上取得成功，公司內部的任何一個部門、任何一個團隊就無法獲得真正的成功，而團隊無法成功的話，團隊中的任何個人也不可能取得成功。

好的管理者善於根據公司目標的優先順序，決定自己和自己部門的工作目標以及目標的優先順序。例如，出於部門利益的考慮，也許某個產品的研發無法在短期內獲得足夠的市場收益，部門管理者似乎應該果斷放棄對該產品研發的投入，否則，部門在該年度的績效表現（如果僅以市場收益衡量的話）就有可能不是那麼出色。但是，如果從公司整體的角度出發，假設該產品是幫助公司在未來兩到三年內贏得潛在市場的關鍵因素，或者該產品的推廣對於提高公司的企業形象有重要的幫助，那麼，對於該產品的投入是符合公司整體利益的，部門對於該產品研發目標及其優先順序的設定就應該符合公司的整體安排。

作爲管理者，還應該勇於做出一些有利於公司整體利益的抉擇，就算對自己的部門甚至對自己來說是一種損失。

例如，李開復在蘋果公司工作的時候，曾經管理著一個實際效果非常糟糕的專案。該專案的經理是他當時的老闆的朋友，而這個專案也是他的老闆最為看好的一個專案。當時，李開復清楚地知道這個專案有多麼糟糕，該專案的經理也不是一名好經理，但因為他的老闆重視該專案，李開復始終沒有勇氣來處理這個問題。此外，他也擔心，如果解散了這個專案團隊，對自己的工作其實也是一種否定，畢竟他已經管理這個團隊一年多的時間了。

終於有一天，李開復決定在一段時間後離開公司。那時，李開復覺得公司多年來對自己不錯，應該在離開前對公司負責，做一件對公司有益但一直為了自己而猶豫不決的事情。於是，他決定把這個專案和該專案的經理裁掉，這種做法會讓他的老闆不滿，但的確對公司是有好處的。

可當李開復真正裁掉這個專案後，出乎他意料的是，公司內部的絕大多數員工沒有表示不滿，反而告訴他，他們是多麼認可這個決定，他們認為他有勇氣、有魄力。公司領導者也沒有責備李開復，反而認為他勇於承認並改正錯誤的做法非常值得讚賞。

也就是說，當公司利益和部門利益或個人利益發生矛盾的時候，管理者要有勇氣做出有利於公司利益的決定，而不能患得患失。如果你的決定是正確、負責任的，就一定會得到公司員工和領導者的讚許。

此外，管理者應該主動扮演「團隊合作協調者」的角色，不能只顧突出自己或某個人的才幹，從而忽視了團隊合作。

公司裡的一個團隊和籃球場上的一支籃球隊其實是一樣的。打籃球時，後衛不能脫離整個團隊獨來獨往，不同位置的隊員需要按照戰術安排緊密配合，互相支持，這樣才能贏得比賽。在我們的工作中，市場人員需要幫助產品部門尋找產品的合適定位，要爲銷售部門提供潛在的客戶資訊，而管理者會承擔起教練的角色，爲整個團隊制定合適的戰術。

最後，公司的中層管理者要善於把握自己的角色定位，讓自己成爲老闆和員工之間溝通、協調的橋樑，而不要讓自己與老闆或員工對立起來。例如，有一些管理者很容易對自身角色產生誤解，他們要麼把自己和「雇主」等同起來，與「雇員」做利益上的對抗，或者把自己視作普通員工，與老闆對立，這兩種極端的做法都是不可取的。

像宋江一樣，培養員工的忠誠度

梁山好漢們對梁山團隊的忠誠度是非常高的，因為有高度的忠誠，即使團隊成員對實現團隊目標的方式存有異議，也能服從團隊大局，為實現目標求同存異。

比如，對待招安一事，李逵、魯智深、武松、林沖等人是反對的，但是當招安聖旨第三次下達時，這些對招安存有異議的好漢們，最後還是服從團隊目標，委曲求全，全夥受招安。這就是忠誠度。

一、「打勝仗」：被量化了的目標激勵

高效的團隊成員對團隊會表現出高度的忠誠和承諾，為了能使團隊目標獲得成功，他們願意去做任何事情，每一個人都具有充分活力，願意為目標全力以赴。

梁山的「替天行道」戰略和願景，量化為具體的目標，其實很簡單，也很明確，就是打勝仗。之所以「打勝仗」是梁山團隊的共同目標，是因為梁山團隊的唯一任務就是打仗，而「打勝仗」是梁山團隊的「唯一」出路。

梁山作戰任務主要包括以下幾類：

一是反圍剿作戰，不勝則被剿亡。

在梁山全夥受招安之前，反圍剿作戰一直是梁山作戰的主要任務。由於這些戰鬥主要是針對官府的，關係到梁山的生死存亡，所以只能贏不能敗，只能打勝仗，不能打敗仗。在「打勝仗」的目標激勵下，梁山上下在與官府作戰時，表現出同心一致、一往無前的氣概。有力的出力，林沖、秦明、李逵等猛將每仗都衝在前面；有智慧的精心謀劃，吳用、朱武運籌帷幄、決勝千里；有技巧的不畏艱險，時遷盜甲、公孫勝鬥法、孫二娘放火……由於上下同心，目標明確，梁山團隊在與官軍的反圍剿作戰中，全部取得了勝利。

二是借糧作戰，不勝則餓亡。

民以食為天，軍隊也以食為先。不管對什麼組織來說，解決吃飯問題是頭等大事。梁山只是一個強盜窩，不是農業基地，梁山上無人從事農業生產，吃糧問題基本靠的是「借」，也就是搶。村莊也好，官府也好，自己辛苦種出的糧食誰肯「借」給你梁山泊啊？梁山團隊要借糧，只能動用武力去搶。三打祝家莊，一是為救人，更重要的是搶糧食。打完祝家莊，幾萬人的梁山，三五年吃糧問題就解決了。所以借糧作戰也是只能勝不能敗的。一旦打敗了，搶不到糧食，那梁山的幾萬人就不用官兵圍剿，自己就先餓死了。所以借糧作戰，梁山上下也是人人爭先，個個奮勇。三打祝家莊、兩打曾頭市、兩打東平東昌府，都是以借糧為主要目的的戰爭。打這些仗，不論是老梁山還是新頭領，人人都爭先向前。解決溫飽生存的激勵作用，是自發地根植於水滸好漢們內心的，不用宋江、晁蓋苦口婆心地去說教。

三是救人作戰，不勝則手足亡。

在梁山的英雄好漢中，有人盡忠、有人盡職、有人尚文、有人好武、有人弄墨、有人吹簫、有人好色、有人貪杯，但是所有人都「尚義」，都把其他好漢當兄弟看待，結成了歷史上最大規模、最為壯觀的異姓兄弟情誼。兄弟如手足，手足之情不可斷，打斷骨頭連著筋。兄弟有難，梁山好漢是必然會拼命營救的。這種欲望也是發自內心的，不需要多費口舌的，因為誰也不願意自己斷手斷腳啊！高唐州救柴進，李逵北尋公孫勝，沒喊一聲苦；隻身下枯井，沒喊一聲怕。大名府救盧俊義，因為梁山大隊人馬沒到，探路的石秀一個人從樓上跳下劫法場，全然不顧自己的個人安危，結果和盧俊義一起被關進大牢。三打祝家莊救時遷時，還是石秀夥同楊林，冒著生命危險，喬裝打扮潛入莊中探路。西嶽華山救史進、魯智深，宋江、吳用不辭勞苦，從山東遠赴陝西，不惜冒犯宿太尉，用金鈴吊掛騙開城門，殺了賀太守，救出了史進、魯智深。所以，救人作戰，必須「打勝仗」已經成為梁山好漢為兄弟兩肋插刀的強大激勵力量。

四是為國作戰，不勝則有亡國之憂。

孫子云：「兵者，國之大事，死生之地，存亡之道，不可不察也。」為國家而戰，勝了，振奮國威，揚眉吐氣；敗了，有可能動搖國家基礎，甚至亡國。所以，代表國家作戰，不管外戰還是內戰，都要慎之又慎，一旦開戰，務必取勝，否則，有亡國之憂。對於全夥受招安以後的梁山眾好漢來說，為國作戰才是替天行道的最高境界，為國作戰才是洗刷梁山強盜名聲的最佳載體，為國作戰才是體現招安積極意義的最好注腳。

為國作戰之所以必須「打勝仗」，除了上面的政治意義以外，還有幾個更加有吸引力的內因。第一，實現早年「一刀一槍，搏個封妻蔭子」的理想願望。梁山的好漢們，特別是那些來自朝廷的武將們以及做著武將之夢的好漢們，練武習槍的目的就是投身朝廷，抵禦外侮，一刀一槍，殺出一片功勞，以求封妻蔭子、光宗耀祖。招安之後，為國效力的機會擺在面前，當然要利用這個機會，實現早年習武的夢想了。

第二，受招安後，朝廷對梁山好漢們並沒有封官，只是把三十六天罡封為正將，把七十二地煞封為偏將，跟隨宋江出征，言明根據戰功進行封賞。也就是說，梁山好漢們「封妻蔭子、光耀門庭」的理想必須通過「一刀一槍」、「打勝仗」的方法才能實現。所以，在為國作戰中，不論是為國家存亡，還是為個人榮譽，都要全力爭先，不打勝仗，誓不甘休。這就是為國作戰的激勵作用。

綜上分析，宋江是很懂得「激勵的藝術」的，我們應該向他學習，結合現代因素，科學運用情感激勵，方能培養出強大的團隊。

尤其是如今正處在一個飛速發展的變革時代，企業管理者們從來沒有像今天這樣面臨空前的壓力和挑戰。一個出色的企業領導者，必須具備推動企業發展、帶領員工前進的各種能力。而每一個員工所擁有的能力和他在工作中發揮出的能力是不對等的。一個人能力的發揮，在很大程度上取決於激勵。激勵就是充分發掘人的潛能，調動員工的積極性，爲企業創造更多的價值和利潤。因此，管理者必須把握激勵的藝術。

物質激勵和精神激勵相結合

物質激勵是激勵的主要模式和手段，也是企業常用的激勵方式。但有些管理者認為，只有獎金等物質激勵足夠了才能調動員工的積極性，於是不分工作輕重、責任大小、績效高低而亂發獎金，結果耗費不少，效果不佳；也有的企業在核心員工提出辭職時，首先想到的是如何用加薪來挽留，他們都忽視了精神方面的激勵作用。物質激勵是基礎，精神激勵是根本。在現實工作中，管理者既要重視物質激勵，又要重視精神激勵，並把兩者有機地結合起來，才能充分調動員工的積極性和創造性，使之為企業發展效力。

考慮個體差異，實行差別激勵

影響員工工作積極性的因素，主要有工作性質、領導行為、個人發展、人際關係、工資福利和工作環境等，在制定激勵機制時一定要考慮到個體差異，要因人而異。如在年齡方面，每個世代的員工個性特點、擇業觀等均不同；在企業文化方面，高學歷的知識型員工更注重自我價值的實現，既包括物質利益方面，更需要精神方面的滿足。所以，企業管理者在制定激勵機制時，一定要考慮到企業的特點和員工的個體差異，這樣才能收到最大的激勵效果。

管理者廉潔公正、率先垂範

管理者的行爲對激勵制度的成敗至關重要。首先，管理者要做到公正廉潔，不占不貪。不能因爲自己是領導者就多拿多占，避免對員工產生負面影響。其次，要做到公正用人，不任人唯親。在選拔用人時，做到公平競爭，唯才是用，做到有什麼能力上什麼崗位，在什麼崗位拿什麼薪酬，從而打消員工的顧慮。第三，尊重員工。員工的人格一旦受到尊重，往往會產生比金錢激勵大得多的激勵效果。

松下創始人松下幸之助經常對員工說：「我做不到，但我知道你們能做到。」他要求管理者必須經常做端菜的工作，尊重員工，對員工心存感激之情。人都是有感情需要的，而下級又特別希望從領導者那裡得到尊重和關愛，這種需要得到滿足之後，必定會以更大的努力投入工作。

第四，企業管理者要以身作則，率先垂範，處處做員工的楷模，要求員工做到的自己首先要做到，不准員工做的自己堅決不做，自覺把自己置於員工的監督之中，並逐漸轉化爲員工的「自我強化」行爲，達到內化的目的。

正激勵與負激勵相結合

所謂正激勵，就是對下屬符合組織目標的期望行爲進行獎勵；負激勵，就是對下屬違反企業制度和法律法規的非期望行爲進行處罰。正負激勵都是必須而有效的，不僅作用於當事人，而且會間接地影響周圍其他人。企業管理者激勵下屬，必須堅持以正面激勵爲主，通過積極的、正面的激勵，保持員工隊伍的蓬勃朝氣、昂揚銳氣和浩然正氣，形成團結向上、奮發有爲、開拓進取的良好局面。

當然，在充分運用好正激勵的同時，適當的負激勵也是不可或缺的。比如對違規違紀、不遵守公司規章制度的員工進行相應的懲罰，這既教育了犯錯誤的員工，也警示了其他員工。曾有一份研究報告認爲，當前人事管理工作中的「職務能上不能下，工資能增不能減，年度考核只有優秀、稱職沒有或極少數不稱職」等諸多現象的產生，源於沒有負激勵制度，最終會導致整個集體缺乏激情與活力。負激勵執行尺度的把握尤爲重要，難度也較大，要更爲準確和適當，並且要注意策略與方法，一旦產生偏差，會導致企業管理者的權威受損，甚至導致企業管理制度形同虛設。

激勵個體與群體相結合

任何一個企業，優秀員工的脫穎而出都離不開部門及其團隊成員的支持，良好的團隊氛圍是員工成長進步的先決條件。在實施激勵時，處理好激勵個體與激勵群體的關係，有助於發揮員工與集體的互促共進作用。如果忽視個體作用，只注重對群體的激勵，可能造成幹好幹壞一個樣的平均主義；相反，如果過分強調個體貢獻，不顧及群體因素，容易影響大多數團隊成員的積極性。

多管道與多層次相結合

企業可以根據自身的特點，建立和實施多管道、多層次的激勵機制，聯想集團的激勵模式可以給我們頗多啓示，其中多層次激勵機制的實施是聯想創造奇蹟的一個秘方。

聯想集團始終認為激勵機制是一個永遠開放的系統，要隨著時代、環境、市場形式的變化而不斷變化。首先，聯想在不同時期有不同的激勵機制。對於上世紀八十年代第一代聯想人，公司主要注重培養他們的集體主義精神和物質生活基本滿足。而進入九0年代以後，聯想從新一代聯想人對物質要求、自我意識都更為強烈等特點出發，制定了新的激勵方案，那就是多一點空間、多一點辦法，根據高科技企業發展的特點設計多條激勵管道。例如，讓有突出業績的業務員和銷售人員的工資和獎金，比他們的上司還要高許多，這樣就使他們能安心現有工作，而不是煞費苦心往領導崗位上發展。

在聯想，做一名成功的設計員或銷售員，一樣可以體現自己的價值，這樣員工就會把所有的精力和才華都投入到最適合自己的工作中去，從而創造出最大的工作效益和業績。

聯想集團始終認為只有一條激勵管道一定會擁擠不堪，一定要有多條激勵管道，才能使員工真正安心地在最適合他的崗位上工作。其次，要想辦法瞭解員工的需要，分清哪些是現在可以滿足的，哪些是今後努力才能做到的，把激勵的手段、方法與激勵的目的相結合，從而達到激勵手段和效果的一致性。他們所採取的激勵手段是靈活多樣的，是根據不同工作、不同崗位、不同的人、不同的情況制定出的不同的制度，決不是靠一種制度解決的。

如果說管理是一門藝術的話，那麼激勵就是這門藝術的核心。企業最終的競爭力來自員工，在「以人爲本」的經營時代，只有恰當運用激勵機制，並不斷開發出新的激勵模式，企業才有朝氣和活力，才能夠保證企業在經營中不斷創新，並把這種創新轉化爲成新的競爭力，在殘酷的競爭中立於不敗之地。

二、卓越領導者總是能夠在人們心中樹立起價值觀

《水滸傳》的最後，吳用、花榮、李逵等對宋江的忠誠簡直到了愚忠的程度，連宋江死了都願意陪他去做鬼。有人簡單地理解為「義氣」，其實仔細分析，會發現這

應該是一種「領導藝術」而不是「個人崇拜」。

類似的情節還存在於電影《斯巴達克斯》中。斯巴達克斯是西元前七十一年的奴隸起義領袖，他率領起義軍曾兩次給羅馬大軍以沉重的打擊，但是，最終在對方長期的圍攻之後被擊敗了。他們被包圍後的鏡頭是這樣的——對方首領克拉蘇對斯巴達克斯部隊的倖存者說：「你們曾經是奴隸，將來依然是奴隸，但是我們慈悲為懷，只要你們把斯巴達克斯交出來，就不會被釘到十字架上。」

長久沉默之後，斯巴達克斯站起來說：「我就是斯巴達克斯。」緊接著，他身邊的另一個人站起來說：「我才是斯巴達克斯。」立即又有一個人站起來說：「我才是斯巴達克斯。」……幾乎在一分鐘之內，所有的人都站了起來承認自己就是斯巴達克斯。

在《斯巴達克斯》中，當每個人都願意站起來受死時，他們內心想的是什麼？僅僅是忠於斯巴達克斯嗎？自然不是。他們所信奉的是斯巴達克斯所象徵著的自由，即使是他們所有的人都死了，只要自由的願望不滅，人們（或者說奴隸們）就不會放棄抗爭。

同樣，吳用、花榮、李逵等在陪著宋江去死的時候，信奉的依舊是「替天行道」、「忠君愛國」的價值觀，即使是所有的人都死了，但是這個價值觀是不會變的。

可見，卓越領導者總是能夠在人們內心中樹立起價值觀。

首先，價值觀是人們內心中深受感召的一種力量，它能夠使人們爲之發掘出全部的力量。

價值觀是一個組織的核心，它能夠將所有組織成員凝聚在一起，並制約著所有人的行爲和觀念，向著同一個方向前進。因此，對於組織來說，價值觀必須是共同的。如果每個人內心中都擁有一個屬於自身的價值觀，彼此卻不分享，這絕不可能形成一個整體的組織。個人夢想不等於公司（組織）遠景，許多企業領導者將自身的願望強行灌輸到企業內部，最終，這一願望根本無法激發起員工們的積極性，也就永遠無法成爲企業的價值觀。

未來是一個互助合作的社會，任何個人都無法僅僅利用自身能力來體現自身的價值。因此，人們渴望參與一項共同的創造，希望能夠歸屬於一項重要的任務、事業或使命，這就是共同的價值觀。許多企業的成功正源於擁有共同的價值觀，如在微軟全體員工心目中，用軟體改善全人類的生活是他們的共同價值觀。而賈伯斯和他的夥伴們則希望用他們的電腦賦予人們更多的創新力量。

但是，共同價值觀不是自然產生的，它需要有人探尋和摸索，並進行概括，承擔這一職責的正是領導者。

價值觀產生之後，企業將產生一個根本性的改變：公司不再是他或他們的公司，而是我們的公司。在企業遭遇困境時，所有企業成員都將以主人翁的心態積極參與挽救工作。正如克拉蘇要求人們交出斯巴達克斯時，所有人都願意代替斯巴達克斯被釘上十字架一樣。

儘管許多領導者已經將樹立共同的價值觀視爲核心工作，但大多數領導者還沒有意識到價值觀的重要意義。他們依然依靠提升待遇、增加獎金以及搞個人關係，提高員工的工作熱情，他們將會發現這些方法在以後的經營中會逐漸失去效果，最終選擇價值觀的營造。

比爾・蓋茲無疑是一位卓越的領導者，早在微軟創業初期，他便提出了「讓全世界的辦公桌用上電腦」的願望，他將這一願望轉化成微軟公司全體員工的價值觀，使微軟獲得了商業史上前所未有的成功。今天，隨著外界需求的變化，他對微軟的價值觀進行了重新修正，既沒有放棄以往偉大的願望，又注入了新的時代內涵——「用我們的軟體改善人類的生活！」

其次，卓越的領導者，能讓企業價值觀深入人心。

當人們向我們描述他們的個人最佳領導經歷時，他們講述的總是那些爲組織描述了一個激動人心、富有吸引力的未來的時刻。他們有願景，對未來擁有夢想，他們絕對相信這些夢想，並且相信自己有能力讓奇蹟發生。

在二十世紀八0年代，賈伯斯相信蘋果電腦最終將成為一種消費產品，這在當時被認為是一個荒謬的想法。那時人們對於個人電腦的認識，就是IBM大型電腦的縮小版，還有一些人認為，個人電腦僅類似於遊戲機。而賈伯斯覺得，電腦將會改變世界，並將成為他所說的「思想的車輪」。一九八三年，蘋果公司的銷售額僅有八千萬美元，在請百事可樂的約翰・斯考利到蘋果公司時，他跟約翰說「你是想賣一輩子糖水，還是跟著我們改變世界？」

沒有追隨者的領導者不是真正的領導者，人們只有心甘情願地接受領導者描述的願景，才會忠誠地追隨領導者，領導者只能通過激發而不是命令來獲得忠誠。領導者要激發人們的共同願景，就一定要瞭解追隨者，用他們的語言說話，讓他們相信，領導者瞭解他們的需要與想法。領導是一種對話，而不是唱「獨角戲」。要獲得眾人的支持，領導者就要完全瞭解眾人的夢想、希望、抱負、願景和價值。

領導者要不斷地告訴追隨者，這個夢想符合大家的利益，這樣才能使大家努力向目標邁進，領導者要用生動的語言和極具感染力的方式描繪團隊的願景，從而點燃大家的激情。

要實現這一目標，需做到以下幾點：

一、以身作則，就是通過領導者個人的直接參與和行動，爲自己贏得領導的權力和尊重。人們往往首先追隨領導者本人，然後才是事業。

二、職務固然重要，但更重要的是靠自己的行爲贏得人們的尊重。歐洲Smart team AG公司的董事長湯姆・布拉克認爲，「當一名領導者意味著你就是榜樣，必須說到做到。」

三、要有效地爲他人樹立榜樣，領導者必須首先明確自己的指導原則和價值觀。英國Whites集團的總裁琳賽・萊文認爲，「你要敞開心扉，讓人們瞭解你真實的想法，這意味著要將你的價值觀傳達給更多的人。」

四、反覆耐心地談論共同價值觀還遠遠不夠，領導者的行爲比語言更重要，它能夠反映出領導者是否認真對待自己所說的話。言行一致、以身作則的領導者總是身先士卒、樹立榜樣，他們通過每天的行動來表明自己正在爲某些信念而奮鬥。SSA環球公司首席工程師普萊布哈・塞汗認爲，「要證明什麼東西重要，最好的辦法就是身體力行、樹立典範。」

五、卓越領導者都具有堅韌不拔、意志頑強、能力卓越的特點，並且注重細節。讓人欽佩的是，他們處處以身作則，即使在很簡單的事情上面也是如此。

六、領導者的主要工作是制定戰略和執行戰略計畫，但他們以身作則並不需要精心設計，不會佔用他們太多精力。他們擁有一種力量，願意花時間和員工在一起，與他們並肩工作，通過自己的行動把心中的信念展現出來，在不確定的情況下有清醒的認識，提出問題讓人們思考自己的信念和工作的重點。

三、尚未滿足的需要才有激勵作用：梁山的薪酬激勵

在馬斯洛的需求層次理論中，自我實現需求是最高層次的需求，而實現個人成就則屬於自我實現需求的範疇。根據行爲科學理論所述，只有尚未滿足的需要才有激勵作用，已經滿足的需要只能提供滿意感。需要本身並不能激勵員工，對滿足需要的期望才真正具有激勵作用。

那麼，對梁山眾好漢來說，他們在梁山上天天大碗吃酒、大塊吃肉，還有什麼期望沒有滿足呢？這個沒滿足的期望就是成就！說「成就」太虛，具體來說，就是招安前的英雄排座次，招安後的封官耀祖。拿現代的詞來說，相當於「薪酬激勵」。

激勵是管理的核心，而薪酬激勵又是企業目前普遍採用的一種激勵手段，因爲相對於內在激勵，企業管理者更容易控制，而且也較容易衡量使用效果。

雖然薪酬是企業管理人力資源的有效手段，但由於薪酬會直接影響到員工的工作情緒，使用不好會造成負面影響，所以每一個公司對薪酬構建都應非常謹慎，這也是企業制定激勵機制的共識。

企業認爲員工工作得好，就會在該員工的薪酬上體現，而工作幹不好，就沒有加薪。也就是說，企業越來越重視回報和投入的等值，而員工也逐步接受了這一方式，但這並不意味著收入是衡量工作價值的唯一標準。IBM的薪酬管理正是基於此來達到獎勵進步、督促平庸的目的，並進一步發展成爲其獨特的「高績效文化」。

所謂有效的薪酬激勵，只是相對於傳統的利用工資、金錢等外在的物質因素來促使員工完成企業工作目標而言的，它更多地從尊重員工的「能力」、「願望」、「個人決策」和「自主選擇」角度出發，從而能更好地創造員工個人與企業利益的「一體化」氛圍。

有效的薪酬激勵是由以下幾個要素構成的：

一、基於崗位的技能工資制

基於崗位的技能工資制是崗位工資體系上的創新，形成一種強調個人知識水準和技能，推動員工通過個人素質的提高實現工資增長的一種工資體系。不同於崗位工資體系，單純根據崗位本身的特徵，來決定崗位承擔者的工資額，而是將崗位承擔者所擔任的工作內容和完成工作時能力發揮的程度，作爲工資多少的關鍵因素。在這種工資體系下，公司對知識水準高、能力強的員工的吸引力大大加強，同時也減少了這類員工從公司流失的可能性；另一方面，也可以激勵員工不斷提高自身的能力，最終能爲企業作出更大貢獻。

二、靈活的獎金制度

獎金作爲薪酬的一部分，相對於工資，主要目的是能在員工爲公司作出額外貢獻時，給予激勵。但國內大部分企業的獎金在相當大的程度上已經失去了獎勵的意義，變成了固定的附加工資。

美國通用電氣在研究了獎金發放中的利弊後，建立起新的獎金制度時，爲了體現獎金發放的靈活性，特別遵循了以下原則：

(1)割斷獎金與權利之間的「臍帶」。通用電氣廢除了獎金多寡與職位高低聯繫的舊做法，使獎金的發放與職位高低脫離，給人們更多的不需提高職位而增加報酬的機會，讓獎金真正起到激勵先進的作用，也防止高層領導放鬆工作、不勞而獲的官僚作風。

(2)獎金可逆性。不把獎金固定化，否則員工會把獎金看作理所當然，「獎金」也就淪爲一種「額外工資」了，起不到獎勵作用。通用電氣根據員工表現的變化隨時調整獎金數額，讓員工有成就感，更有危機感，從而鞭策員工做好本職工作，長期不懈。

三、自助式福利體系

在兼顧公平的前提下，員工所享有的福利和工作業績密切相連。不同的部門有不同的業績評估體系，員工定期的績效評估結果決定福利的層次差距，其目的在於激勵廣大員工力爭上游，從體制上杜絕福利平均的弊端。

比如上海貝爾公司的自助福利體系，就頗有特色。公司以人爲本的經營戰略，就福利政策而言，是員工會得到其應有的部分，但一切需要員工去努力爭取，一切取決於員工對公司的貢獻。

公司還爲員工提供個性化的福利政策。在員工福利設立方面加以創新，改變以前員工無權決定自己福利的狀況，給員工一定選擇的餘地，如將購房和購車專項貸款額度累加合一，員工可以自由選擇是要購車還是購房。一旦員工在某種程度上擁有了對自己福利形式的發言權，那麼工作滿意度和對公司的忠誠度都會得到提升，同時也提高了公司用於福利開支的使用效率。

以上三個要素是企業在構建自身的薪酬體系時需要重點考慮的，但是否選擇實際上取決於企業的行業特點、經營戰略和文化背景以及員工的素質、需求等。同時，保持薪酬管理與其他管理活動的一致，也是企業在考慮薪酬激勵時必須注意的。

◆延伸閱讀◆

梁山一百單八將綽號之解

一部《水滸傳》，有一百單八個好漢，便有一百單八個綽號，個個不同，各有風采，膾炙人口。從一個人的綽號就可以看出一個人的特點，那從梁山好漢的綽號上我們能看出什麼呢？

綜合原著、學者和網友的一些總結，我們一起來看看。

天罡篇

一、形容性格的，有呼保義宋江、霹靂火秦明、急先鋒索超、沒遮攔穆弘、拼命三郎石秀，共五人。

像霹靂火、急先鋒，一看就知道是性格暴烈的主兒，這在原著及評書中都表現得很出色，這裡不用多說。拼命三郎也一樣，這個詞在現在也經常用，如各個公司中加班不要命的基本上都叫這綽號。

要說一說的是宋江的「呼保義」。呼保義是啥意思，現在眾說紛紜，莫衷一是。有一種說法認為，呼保義主要是形容宋江的義氣。因為宋江在原著中是以義薄雲天著稱的，而形容他長相的綽號有了（黑宋江），形容他的品行的綽號有了

（孝義黑三郎）、形容他為人處事的綽號也有了（及時雨），唯獨少了一個形容他義氣的綽號。

還有一說宋江打方臘之前被封保義郎，不過宋江叫出這個綽號時，還不過是一個小小的押司，因此不採用這種解釋。

穆弘，號稱「沒遮攔」，可想而知穆弘做事情的時候是不講究後果的，先幹了再說。

二、形容氣質的，有玉麒麟盧俊義、入雲龍公孫勝、小旋風柴進、黑旋風李逵和浪子燕青。此五員頭領的解釋頗有意思，不過下面的說法只是一家之言。

盧俊義的玉麒麟，一般會認為是形容長相，但我們先來看看「麒麟」是個什麼東西。

麒麟有下列幾種解釋：

①麒麟乃是傳說中的神話動物，現實生活中或許並不存在；

②麒麟在百獸中地位僅次於龍。中國古代傳說中，麒麟與龍、鳳、龜合為四靈，乃毛類動物之王；

③麒麟對老百姓而言，乃是送子神獸。民間有「麒麟送子」的說法，據傳孔子即為麒麟所送；

④麒麟是歲星散開而生成，故主祥瑞，是著名的瑞獸之一。麒麟含仁懷義，

在中國古代文化中，帝王興衰與麒麟相關的傳說很多；

⑤麒麟與鳳凰一樣，分雌雄，麒乃雄，麟為雌，麇身、牛尾、魚鱗、足為偶蹄（但亦有麒麟有五趾之說），頭上有一角，角端有肉；

⑥麒麟作為吉祥物，中國古代各朝也常採用。史載漢武帝在未央宮建有麒麟閣，圖繪功臣圖像，以表嘉獎和向天下昭示其愛才之心；

⑦麒麟在官員朝服上也多被採用。清朝時，一品官的補子徽飾為麒麟，可見其地位僅次於龍，清朝只有皇親國戚才有資格佩掛龍的標誌，皇帝為黃龍、紫龍，親王、阿哥、貝勒、貝子為龍子圖案。

綜上所述，麒麟代表了「高貴」、「吉祥」。聯繫到盧員外是北京大名府首屈一指的大地主，由此可以判斷，「玉麒麟」代表了盧俊義高貴的氣質和出身。

公孫勝的入雲龍，原著沒有解釋，現在基本上有兩種不同的看法。一種是說形容公孫勝的法術高強，另外一種觀點，就是形容公孫勝如雲中龍一般，神龍見首不見尾。聯繫到後期公孫勝來去無蹤，與梁山集團保持著若即若離的關係，基本上可以認定，這是形容公孫勝氣質超脫的一個綽號。

小旋風柴進，這個綽號只能用排除法來進行分析。原著中幾乎就沒有描寫柴進動武的文字，大夥只知道他有一個好祖先，最後上應天貴星。那麼小旋風應該就是形容他出身、氣質高貴的意思，絕不會是描述他的武藝的。

黑旋風李逵，這個綽號也容易聯繫到長相，但「黑旋風」應該結合了他的長相、性格以及殺人時的風格，綜合起來，則可歸到「氣質」一類。

浪子燕青，若以現在的標準，「浪子」可不是什麼好詞。我們先看看燕青出場的時候是怎麼寫的：

「唇若塗朱，睛如點漆，面似堆瓊。有出人英武，凌雲志氣，資稟聰明。儀表天然磊落，梁山上端的馳名。伊州古調，唱出繞梁聲。果然是藝苑專精，風月叢中第一名。聽鼓板喧雲，笙聲嘹亮，暢敘幽情。棍棒參差，揎拳飛腳，四百軍州到處驚。人都羨英雄領袖，浪子燕青。」

這麼看來，「浪子」應該是形容燕青的綜合特質，當然，這也屬於氣質範疇了。在《水滸傳》中，「浪」是形容那種無所不會、無所不能兼之乖覺的人。如高俅，他就是一個「浮浪破落戶子弟」。

三、形容特長的，有智多星吳用、神行太保戴宗、浪裡白條張順三人。

這個不用多說，一看就知道智多星是主意多的，神行太保就是跑得快的，浪裡白條（也有作浪裡白跳）就是水性好的。

四、形容所使用武器的，有大刀關勝、雙鞭呼延灼、雙槍將董平、沒羽箭張清、金槍手徐寧。

這個也沒什麼好解釋的，三個馬軍五虎將、兩個馬軍八驃騎。通過這個事例也告訴我們，真正上場打仗的哥們，是很容易叫出這樣的綽號的。

張清可能要費點神，他打的石子，便是他的武器，只不過這個武器被美稱為「沒羽箭」罷了。

五、形容相貌的，有豹子頭林沖、美髯公朱仝、花和尚魯智深、青面獸楊志、赤髮鬼劉唐、九紋龍史進。

這六個哥們，除了魯智深的綽號同時包含了「職業」之外，應該沒有什麼疑義了。魯智深說過：「人見洒家背上有花繡，都叫俺做花和尚魯智深。」

六、類比古人的，有小李廣花榮、病關索楊雄二人。

這兩個也沒什麼疑義。小李廣，自然是神箭。

病關索要解釋一下。關索此人，正史未見記載，是從後代說書藝術中演繹而來的，說他是關羽關雲長之子。而《水滸傳》在提到楊雄時，是這麼描述的：「因為他一身好武藝，面貌微黃，以此人都稱他做病關索楊雄。」所以可以認定是用楊雄類比古人關索，以形容其武藝高強。

七、類比動物的，有撲天雕李應、插翅虎雷橫、混江龍李俊、兩頭蛇解珍、雙尾蠍解寶五人。

這些中有神似的，也有形似的。像李應，肯定是說他「背藏飛刀五口，百步取人，神出鬼沒」，像撲天雕那麼迅猛，從天而降取人性命。雷橫「膂力過人，能跳三二丈闊澗」，自然也是神似老虎。李俊水中功夫了得，自然是混江龍。而解珍、解寶的兩頭蛇和雙尾蠍只能從他們的武器中分辨出來，他們都是使「渾鐵點鋼叉」作為武器，而從綽號上來看，這絕不是我們經常所能見到的三股鋼叉，而是雙股的鋼叉。

八、類比神鬼的，有立地太歲阮小二、短命二郎阮小五和活閻羅阮小七。太歲、閻羅不必多說，大家都知道，是惹不起的神鬼。短命二郎阮小五，這個很奇怪。阮小五排行第五，為何叫「二郎」？考慮到他的兩個兄弟都是神鬼，那麼阮小五這個綽號也很容易聯繫到神鬼。那麼叫二郎的，只有二郎神了。二郎神就是長三隻眼的馬王爺，就是《西遊記》裡那個被孫悟空假扮過的傢伙。另外，「短命」不是形容阮小五短命（實際上也短命），而是「使他人短命」的意思。

九、形容職業的，有兩人，行者武松和船火兒張橫。行者，這是武松的綽號。這不由得讓人聯想起一百零八將中打過虎的有武松、李逵、解珍、解寶四員好漢，而真正赤手空拳打虎的，只有武松。船火兒就是船夥計的意思，再貼切不過。

總體而言，在綽號方面，特別是以上的天罡級頭領中，施耐庵是很下工夫了。一個綽號可以起到畫龍點睛的作用，形象而貼切，生動而活潑，人物栩栩如生，令人過目不忘。

地煞篇

鑒於地煞星眾多（有七十二人之巨），因此暫時不分類，解釋一下綽號即可。一家之言，並不一定正確，順便求教方家。

神機軍師朱武：姓名中帶一「武」字，暗合孫武。這就像吳用道號「加亮」一樣，暗合諸葛亮。原著稱「為頭的神機軍師朱武，雖無本事，廣有謀略」，此評價甚高。

鎮三山黃信：「為他本身武藝高強，威鎮青州，因此稱他為鎮三山（清風山、二龍山、桃花山）」，「黃信卻自誇要捉盡三山人馬，因此喚做鎮三山」。

病尉遲孫立：「黃面皮，絡腮鬍鬚，八尺以上身材，姓孫名立，綽號病尉遲，射得硬弓，騎得劣馬，使一管長槍，腕上懸一條虎眼竹節鋼鞭。」由此看來，他綽號病尉遲，是使鋼鞭的緣故。

一般認為，這兒的「病」有幾種解釋。一種認為是「賽」的意思，就是「賽尉遲」的意思；另外一種，是「使」別人「病」，就是使別人發愁的意思。還有「病」就是指面皮黃的意思，因為天罡中的「病關索楊雄」，同樣也是面色微黃。

醜郡馬宣贊：「醜」，指相貌，「此人生的面如鍋底，鼻孔朝天，捲髮赤鬚」；「郡馬」，指身分，「因對連珠箭贏了番將，王招做女婿。誰想郡主嫌他醜陋，懷恨而亡。因此不得重用，只做得個兵馬保義使。」看來宣贊的箭法應該不差，只是從來沒見使過。

井木犴郝思文：「當初他母親夢井木犴投胎，因而有孕，後生此人。因此人喚他做井木犴。」井木犴，二十八宿星之一，管靈長類，吃犀牛時不用烹飪，這在《西遊記》裡可以見到。只是這名字是他母親做夢夢到的，與郝思文本人並無多大關係，不是他打下的江山、掙下的名頭。

百勝將韓滔：「原是東京人氏，曾應過武舉出身，使一條棗木槊，人呼為百勝將。」在定場詩中又說「平地能擒虎，遙空慣射雕」，看來也是能射的。不過，這「百勝將軍」只是個嚇人的大號，書中沒提他勝過啥，反而一出場就被秦明搞定。

天目將彭玘：「東京人氏，乃累代將門之子，使一口三尖兩刃刀，武藝出眾，人呼為天目將軍。」這兒綽號和對他的介紹沒有任何聯繫，不過在定場詩中找到了蛛絲馬跡：「兩眼露光芒，聲雄性氣剛。」可見天目的意思是說他的眼睛很有神。

一說是「開天目」，這是一種超能力。民間傳說，天目開通後，看見鬼魂等東西便是很容易的事了。不過，《水滸傳》中的神人也就只有公孫勝和樊瑞，彭玘還算不上神人，所以這種解釋不採用。

有網友說，「天目將」可能暗合二郎神楊戩。二郎神有第三隻眼睛，使三尖兩刃刀，而彭玘也使三尖兩刃刀，正合二郎神。

聖水將軍單廷圭：「單廷圭那廝，善能用水浸兵之法，人皆稱為聖水將軍。」

神火將軍魏定國：「魏定國這廝，熟精火攻兵法，上陣專能用火器取人，因此呼為神火將軍。」

聖手書生蕭讓：「因他會寫諸家字體，人都喚他做聖手書生。」

鐵面孔目裴宣：「原是本府六案孔目出身，及好刀筆。為人忠直聰明，分毫不肯苟且。本處人都稱他鐵面孔目。」

摩雲金翅歐鵬：「因惡了本官，逃走在江湖上，綠林中熬出這個名字，喚做摩雲金翅。」顯然這是歐鵬憑藉他的本事闖蕩出的名頭。那麼他的本事有多強呢？「黃州生下英雄士，力壯身強武藝精。行步如飛偏出眾，摩雲金翅是歐鵬。」「摩雲金翅」，是佛經名詞，即「迦樓羅」，指一種大鳥，頭上有一個大瘤，是如意珠，此鳥鳴聲悲苦，以龍為食。用摩雲金翅來形容歐鵬，一方面是他武藝高強，另外一方面，是他走得快。

火眼狻猊鄧飛：「為他雙睛紅赤，江湖上人都喚他做火眼狻猊。」狻猊，形似獅子，平生喜靜不喜動，好坐，又喜歡煙火。這兒不管狻猊是啥，反正主要是形容鄧飛的眼睛紅。原著還提到，「原是襄陽關撲漢，江湖飄蕩不思歸。多食人肉雙睛赤，火眼狻猊是鄧飛。」從中可以看到兩個細節：一、「關撲」不同於相撲，而是賭博的一種，鄧飛肯定也是一賭棍；二、鄧飛吃過人肉，還不止一次吃過，所以得了紅眼病。

錦毛虎燕順：「赤髮黃鬚雙眼圓，臂長腰闊氣沖天。」這個是形容相貌像老虎的，倒不是形容他勇猛似老虎，這個要注意。

錦豹子楊林：原著無解釋，只說江湖上人稱「錦豹子」，但形容相貌時，有「遠看毒龍離石洞，近觀飛虎下雲端」一說，所以「錦豹子」是形容氣質的，威猛像豹子。

轟天雷凌振：「火炮落時城郭碎，煙雲散處鬼神愁。轟天雷起馳風炮，凌振名聞四百州。」

神算子蔣敬：「頗有謀略，精通書算，積萬累千，纖毫不差。亦能刺槍使棒，佈陣排兵。因此人都喚他做神算子。」我們都知道他上梁山後做了梁山的註冊會計師，但是卻忽略了他的「頗有謀略，布陣排兵」。這兒說的「神算」，應該不單指他會數數，謀略和排兵佈陣都在裡面。

小溫侯呂方：「平昔愛學呂布為人，因此習學這枝方天畫戟，人都喚小人做小溫侯呂方。」

賽仁貴郭盛：「原在嘉陵學得本處兵馬張提轄的方天戟，向後使得精熟，人都稱小人做賽仁貴郭盛。」

神醫安道全：「肘後良方有百篇，金針玉刃得師傳。重生扁鵲應難比，萬里傳名安道全。」

紫髯伯皇甫端：「為他碧眼黃鬚，貌若番人，以此人稱為紫髯伯。」

矮腳虎王英：「為他五短身材，江湖上叫他做矮腳虎。」

一丈青扈三娘：原著未交代。一說是愛穿綠色衣服，但原著中除了說她騎青驄馬，沒有交代她穿的衣服的顏色。一說一丈青是一種大蛇，待考。

喪門神鮑旭：「山上有個強人，平生只好殺人。世人把他比做喪門神。」喻兇狠，手下不留情。

混世魔王樊瑞：「混世魔王」並非樊瑞獨享，阮小二出場時便有「人稱立地太歲，果然混世魔王」一句。「能呼風喚雨，用兵如神」是形容樊瑞的。

這裡再提一個人物，程咬金也當過混世魔王，人家當年可是一把手，福大命大造化大，這點樊瑞就比不上了。

毛頭星孔明：看來是毛頭小夥子，性還挺急。一說是彗星，古人認為看見彗星不吉祥。

獨火星孔亮：「因他性急，好與人廝鬧，到處叫他做獨火星孔亮。」

八臂哪吒項充：「能使一麵團牌，牌上插飛刀二十四把。」「八臂」主要形容他能使飛刀，二十四把呢，手當然要快。

飛天大聖李袞：「也使一麵團牌，牌上插標槍二十四根。」這個同上，只是此大聖非孫猴子也。

玉臂匠金大堅：「因為他雕得好玉石，人都稱他做玉臂匠。」

鐵笛仙馬麟：「原是小番子閒漢出身，吹得雙鐵笛，使得好大滾刀，百十人近他不得。因此人都喚他做鐵笛仙。」

出洞蛟童威：原著沒交代，考慮到童威是水將，所以從「蛟」上去解釋。蛟，《墨客揮犀》卷三描述：「蛟之狀如蛇，其首如虎，長者至數丈，多居於溪潭石穴下，聲如牛鳴。倘蛟看見岸邊或溪谷之行人，即以口中之腥涎繞之，使人墜水，即於腋下吮其血，直至血盡方止。岸人和舟人常遭其患。」可以看出，蛟一般都是住在洞裡的，出洞必傷人。

翻江蜃童猛：原著也沒交代。考慮到童猛是水將，所以從「蜃」上去解釋。都聽說過「海市蜃樓」吧？古人就說是「蜃」吐氣而成的。「蜃」，龍的一種，也有說是大蛤和蛤蜊。

玉幡竿孟康：「因他長大白淨，人都見他一身好肉體，起他一個綽號，叫他做玉幡竿孟康。」看來還是個古代的美男子。

通臂猿侯健：「端的是飛針走線，更兼慣習槍棒，會拜恭永為師。人都見他瘦，因此喚他做通臂猿。」這段話主要是形容他手巧。又從「黑瘦身材兩眼鮮，智高膽大性如綿」可以看出，「猿」是形容他黑瘦，像猴子。

跳澗虎陳達：原著無交代，應該是形容他擅長跳躍，暗合開場時洪太尉所遇見的「吊睛白額錦毛大蟲」。

白花蛇楊春：原著亦無交代，應該是形容他像蛇一樣敏捷，暗合開場時洪太尉所遇見的「雪花大蛇」。後在打芒碭山時交代「瘦臂長腰真勇漢」，其瘦也像蛇。

白面郎君鄭天壽：「為他生得白淨俊俏，人都號他做白面郎君。」

九尾龜陶宗旺：「慣使一把鐵鍬，有的是氣力，亦能使槍掄刀，因此人都喚做九尾龜。」

「九尾龜」是什麼呢？在一百二十回本中的一首《西江月》，內有「宗旺力如猛虎，鐵鍬到處無情，神龜九尾喻多能，都是英雄頭領」。所以說，陶宗旺也是個複合型人才，最後到梁山當了基建處處長（監築梁山泊一應城垣頭領），有點可惜了。

鐵扇子宋清：「原來這宋清，滿縣人都叫他做鐵扇子。」這個不知何解，通篇《水滸傳》，並無一字描寫宋清的武藝。

鐵叫子樂和：「人見我唱得好，都叫我做鐵叫子樂和。」

花項虎龔旺：「斑斕錦體獸吞頭，龔旺名為花項虎。」也是形容長相，並非形容勇猛。

中箭虎丁得孫：「虎騎奔波出陣門，雙腮連項露疤痕。到處人稱中箭虎，手搭飛叉丁得孫。」此處的「中箭」，不是「使」別人「中箭」的意思，而是自己曾經受過傷（箭傷的可能性很大），因此人稱中箭虎。

小遮攔穆春：「潯陽岸英雄豪傑，但到處便沒遮攔。」一說是認為上戰場無人可遮攔，一說是性格發起脾氣來沒人能攔。

操刀鬼曹正：「小人殺的好牲口，挑筋剮骨，開剝推剝，只此被人喚做操刀鬼曹正。」同為屠夫，曹正還算比較低調的，要是像鄭屠那樣號稱「鎮關西」，估計早就被魯智深給做了。

雲裡金剛宋萬：原著沒有交代，按照字面理解，應該是身材高大。

摸著天杜遷：同宋萬，也是形容身材高大。

病大蟲薛永：「江湖上但呼小人病大蟲薛永」，也沒什麼解釋，有兩種可能，一種是「使老虎發愁」，另外一種是長相也是面黃肌瘦的。

金眼彪施恩：「姓施名恩，使得好拳棒，人都叫他做金眼彪施恩。」不過

「使得好拳棒」和「金眼」沒關係。「彪」，虎的一種，巨兇狠。這個綽號應該是同時形容施恩的外表和本事。

打虎將李忠：原著沒有交代，估計是形容他有打虎的本事。

小霸王周通：原著沒有交代，看周通欺男霸女，不愧為「小霸王」。一說是形容像項羽力大無窮，周通這麼窩囊，不採用。

金錢豹子湯隆：「為是自家渾身有麻點，人都叫小人做金錢豹子。」

鬼臉兒杜興：「因為他面顏生得粗莽，以此人都叫他做鬼臉兒。」長得像鬼一樣。

出林龍鄒淵：原著沒有交代，只說「自小最好賭錢，閒漢出身，為人忠良慷慨，更兼一身好武藝，氣性高強，不肯容人。江湖上喚他綽號出林龍。」應該是形容他的武藝。這個和他侄子不同，他侄子形容的是長相。

獨角龍鄒潤：「天生一等異相，腦後一個肉瘤，以此人都做綽號獨角龍。」

旱地忽律朱貴：書中只提到「江湖上但叫小弟做旱地忽律」，至於為什麼叫這個，沒說原因。忽律，即鱷魚。

笑面虎朱富：原著沒有交代，不過朱富是開酒店的，應該是一副和氣生財的模樣，所以才號稱「笑面虎」。

鐵臂膊蔡福：「因為他手段高強，人呼他為鐵臂膊。」應該不是指武藝高強，而是指砍頭的手段高強吧！

一枝花蔡慶：「這個小押獄蔡慶，生來愛帶一枝花，河北人氏，順口都叫他做一枝花蔡慶。」

催命判官李立：「只靠做私商道路，人盡呼他做催命判官李立。」這也是個開人肉作坊的主，入他的黑店，哪能這麼容易活著出來。「催命」易解；「判官」則主要是形容長相的，說他「赤色虯鬚亂撒，紅絲虎眼睜圓」。

青眼虎李雲：「面闊眉濃鬚鬢赤，雙睛碧綠似番人。」看來宋朝時和外國（至少也是西域一帶吧）的交往已經很頻繁了。

沒面目焦挺：「平生最無面目，到處投人不著。山東、河北都叫我做沒面目焦挺。」沒面目，即不顧面子，不講交情的意思。

石將軍石勇：「本鄉起小人一個異名，喚做石將軍。」這個「將軍」沒有任何意思，應該是形容石勇的身材或者武藝堪當將軍。

小尉遲孫新：「孫新生得身長力壯，全學得他哥哥的本事，使得幾路好鞭槍。因此多人把他弟兄兩個比尉遲恭，叫他做小尉遲。」

母大蟲顧大嫂：「有時怒起，提井欄便打老公頭。忽地心焦，拿石碓敲翻莊客腿。生來不會拈針線，正是山中母大蟲。」動不動就打破老公的頭，從那時起，形容老婆一般都叫「母老虎」了。

菜園子張青：「原是此間光明寺種菜園子。」

母夜叉孫二娘：「俺這渾家，姓孫，全學得他父親本事，人都喚他做母夜叉孫二娘。」這有兩層解釋：一、孫二娘長得難看（眉橫殺氣，眼露凶光。厚鋪著一層膩粉，遮掩頑皮；濃搽就兩暈胭脂，直侵亂髮）；二、孫二娘的老爸孫元的外號叫「山夜叉」。

霍閃婆王定六：「因為走跳的快，人都喚小人做霍閃婆王定六。」「閃婆」據說就是「雷公電母」中的電母，閃電當然快啦。

險道神郁保四：「這個青州郁保四，身長一丈，腰闊數圍，綽號險道神將。」看來這個綽號主要是形容他長得高。

白日鼠白勝：原著沒有交代，可能暗合兩種意思。一、形容其職業——「閒漢」，估計也是做些偷雞摸狗的事情；二、七星聚義時，他只不過是個流星，最後又被俘，作為梁山的元老級別人物，有了這樣的案底，不僅排名靠後，連綽號也很不堪。

鼓上蚤時遷：「骨軟身軀健，眉濃眼目鮮。形容如怪族，行步似飛仙。夜靜穿牆過，更深繞屋懸。偷營高手客，鼓上蚤時遷。」無疑，這是一輕功高手。

金毛犬段景住：「焦黃頭髮髭鬚捲」，這麼說來，「金毛」是形容長相的，「犬」估計是暗指他以盜馬為業。

[第五章]

從管理者到領導者——水泊梁山的三任CEO

水泊梁山前前後後換了三個寨主，他們是白衣秀士王倫、托塔天王晁蓋和及時雨宋江。

這三個寨主由於出身、地位、經歷不同，在待人接物、處理問題上也各有不同。三個寨主、三個時期，深刻地揭示出了從創業到立業、守業的轉變，也揭示了領導者和管理者的不同。

三任寨主VS三個時期

梁山集團從王倫建立山寨，到宋江招安焚毀山寨，前後經歷了十多年的發展，歷經王倫、晁蓋、宋江三任寨主。三任寨主由於所處的位置和環境不同，特別是動機不同，他們對梁山的發展有不同的追求。

一、王倫：心胸狹窄、嫉賢妒能是做企業的致命弱點

施耐庵寫《水滸傳》，每個字都是微言大義。王倫的綽號「白衣秀士」，絕不是隨便起的。歷史上真實的王倫，外號其實是「黃衣秀士」。《宋史》裡面有記載，當時在沂州（今天的山東臨沂東南），確實有個王倫造反。雖然人數很少，只有幾十號人，後來也只發展到幾百人，但是，很有聲勢。根據歐陽修的記載，這個王倫「打劫沂、密、海、揚、泗、楚等州，邀呼官吏，公取器甲，橫行淮海，如履無人……其王倫仍衣黃衫。」

大家都知道，「黃衫」不是隨便穿的，只有和皇家沾點邊的，才能穿黃衫。這個王倫，本事和實力不大，口氣和野心不小，竟敢公然與朝廷叫板。

施耐庵把王倫從「黃衣秀士」改爲「白衣秀士」，一字之差，兩者的胸襟、氣魄、格局、眼界，高下立判。既然只敢穿「白衣」，王倫日後的事業，注定大不到哪裡去。

守成之制，而非創業之制

回到書中，梁山的創始老闆、第一任CEO王倫，最初「是個不及第的秀才，因鳥氣，合著杜遷來這裡落草」。看來，王倫讀過一點書，高考落榜，又有點江湖氣質，在社會上碰了壁，很不如意。和杜遷兩人曾經投奔「柴大官人」柴進，又得到了柴進的一點資助，在梁山拉了一批人馬，搞了點「實業」。

創業初期的梁山，王倫這個「老大」並不像後來的宋江那樣擁有絕對權威。比如，林沖上山之時，王倫本來打定主意，準備找個藉口，把他打發走，「免致後患」。可是，另外幾個兄弟——朱貴、杜遷、宋萬，都據理力爭，無奈之下，王倫只能給自己找了個「投名狀」的臺階，讓林沖留了下來。

不過，在王倫主政梁山期間，梁山泊組織管理的基本制度——排名制已經形成，第一把交椅自然是王倫來坐，然後依次是杜遷、宋萬、朱貴，後來林沖雪夜上梁山後，排在朱貴前面，坐了第四把交椅。

排名制的最大好處，是山寨的等級秩序一目瞭然，高低貴賤，明明白白，清清楚楚。但是，這種排名制度存在兩個問題：一是排名的依據，是按資歷，還是按能力，甚至是按到山寨的先後。這一點無從體現，而曾為八十萬禁軍教頭的林沖，座次竟然在武藝平常的杜遷、宋萬二人之下，這也埋下了後來「火拼王倫」的伏筆；二是過於僵化，按照這種排名制，資歷決定一切，排了座次以後，就不能隨便調整，來得晚的，本事再高、功勞再大，也只能屈居人下。

很明顯，這種排名制只是守成之制，而非創業之制，根本不適合處於創業階段的企業。王倫在企業草創時期，就採用這種排名制，顯然是一種無所作為、只求保持現狀的做法。但是在殘酷的自然選擇和生存競爭中，不進則退，你不吃別人，別人就要吃你。

所以，宋江上梁山後的第一件事情，就是宣布廢除「排名制」，廢除全部舊的「年功序列」，全都站在一個起跑線上，重新競爭上崗。

在這個草創階段的管理團隊中，還有一些粗略的分工。朱貴在山腳下開酒店，這個酒店既是山寨的耳目，也是山寨的鷹爪，算是梁山泊的「情報部」、「外聯部」。至於杜遷、宋萬兩位，就連王倫都認為他們「武藝也只平常」，這兩位在當時的梁山泊上多半屬於打家劫舍的先鋒，他們兩人形成梁山的「市場部」——「打劫部」。碰上一些比較大的商隊，或者說遇上一些「大單」，朱貴一個人對付不了，就要他們兩位出馬了。

朱貴在山下開的酒店，對於梁山泊而言有非常關鍵的作用。一方面，朱貴在酒店中打探江湖中的各種動態、消息，研究整個市場的宏觀面；另一方面，也是更重要的，就是朱貴在山下打聽、偵察往來客商的情報，研究梁山企業的具體業務的「潛在顧客」。「但有財帛者，便去山寨裡報知。但是孤單客人到此，無財帛的放他過去；有財帛的，來到這裡，輕則蒙汗藥麻翻，重則登時結果。」通過朱貴的酒店，對往來客商實施搶劫，是當時梁山泊的主要經濟來源。

王倫、杜遷、宋萬、朱貴四人時代的梁山泊，據柴進介紹，「有七八百個小嘍囉」，而據阮小二的估計，則是「聚集了五七百號人」，整體數字相差不大。山寨最重要的經濟指標就是月耗食量。如果山寨平均每月獲得的糧食數量少於月耗食量，山寨就面臨饑荒、內亂、崩潰的危險。

不過，王倫時代的梁山泊規模並不大，和後來宋江時代的幾萬人馬相比，顯然不值一提。但是，由於梁山泊的優越地勢，山林湖泊相得益彰，易守難攻，占盡地利，因此，儘管其主營業務較為單一，僅僅是「打家劫舍，搶擄往來客人」，但由於攤子不大，仍然可以像阮小五所說的「論秤分金銀，異樣穿綢錦，成甕吃酒，大塊吃肉，如何不快活！」

梁山第一次大規模格局重組

策劃發動梁山第一次大規模格局重組的，是智取生辰綱的八人團隊，這個團隊的最初發起者是晁蓋、吳用、劉唐三人。劉唐提供的是資訊——有這樣一筆生辰綱要送到東京；吳用提供的是謀略和組織安排；而晁蓋憑著他在江湖上的地位，敢作敢當，成為這次行動的首領。

「人多做不得，人少又做不得。」吳用去梁山泊邊的石碣村，說服了「三阮」——阮小二、阮小五、阮小七加入行動。而公孫勝則帶來了至關重要的資訊：楊志為梁中書押送十萬生辰綱的路線——黃泥岡路線。得到這一情報，他們才可以從容不迫地精心安排，以逸待勞，坐等楊志送生辰綱上黃泥岡來。

而另一個成員白勝，他家距黃泥岡僅十里之遙，成了這次行動的聯絡點和中轉站。

其實，吳用早就謀劃了入夥梁山泊這條道路。當宋江將生辰綱一事被官府偵破的消息緊急通知晁蓋後，面對驚慌失措的晁蓋，吳用胸有成竹地道：「我已尋思在肚裡了。如今我們收拾五七擔挑了，一齊都走，奔石碣村三阮家裡去。」而晁蓋卻從來沒有想過有朝一日會落草，呆頭呆腦的他仍然沒有明白個中就裡，問道：「三阮是個打漁人家，如何安得我等許多人？」吳用只能進一步點破：「兄長，你好不精細。石碣村那裡，一步步近去，便是梁山泊。如今山寨好生興旺，官軍捕盜，不敢正眼兒看他。若是趕得緊，我們一發入了夥！」吳用布下「三阮」這樣一顆「閒棋」之時，就已經預謀了日後的吞併梁山之舉。如果沒有林沖這個內應，這次併購一定不會這麼成功。

晁蓋等人本來只是提出「入股」梁山泊，但是，王倫惟一的願望是守著這個攤子過安穩日子。王倫知道，請神容易送神難，有時候強龍能壓地頭蛇，因此，他拒絕了晁蓋的入股請求。於是，投資入股不遂的晁蓋團隊，乾脆和梁山中原來的「少數股東」、心懷不滿的職業經理人林沖，發動了一場血腥的惡意收購，徹底改組了梁山。

林沖早就已經對王倫十分不滿。他上山時，王倫百般刁難，「雪天三限」；昔日天下聞名的東京八十萬禁軍教頭，只坐得小小山寨的第四把交椅，屈居於除了身材高大一無所長的杜遷、宋萬之下。

而王倫心裡也十分清楚，山寨眾人裡面，惟一有實力將他的寨主之位奪去的，就是這位林沖。因此他心中甚為防備，而這種心理的表現，就是林沖所見到的「心術不定，語言不準」。惡性循環形成了王倫越是防著林沖，林沖就越是憎惡王倫，雙方的敵視感在與日俱增。只是在山寨相對平衡穩定的環境中，雙方都沒有採取先發制人的手段，暫時相安無事。林沖想要滅掉王倫，恐怕寡不敵眾，也沒有一個導火線引發林沖的衝動；而王倫既然已經接納林沖，礙於柴進的面子和林沖的武藝出眾，也就隱忍不發。

而晁蓋團隊的到來，打破了這種脆弱的平衡、虛假的穩定。從王倫的角度來看，這夥人比林沖更難對付。他們智取梁中書送給蔡太師的十萬貫生辰綱，膽大包天，且財力雄厚，可以大把賞賜嘍囉收買人心。他的那些手下本來就是為了錢才落草的，眼下來了這樣一個大財團，誰知道他們會不會見異思遷，嫌貧愛富呢?而更可怕的是，就這七八個人，竟然還打敗了何濤所率領的五百官軍，更是說明了其強大實力，可以隨時在梁山翻天覆地；而上山的七個人中，晁蓋的江湖威望和號召力、吳用的算無遺策、公孫勝的神通廣大、阮氏三兄弟的水軍實力、劉唐的武藝，都遠在山寨中的諸人之上，而山寨中惟一的一流人才——林沖，不僅不是自己的親信，而且還很可能和晁蓋等合謀算計自己。

擺在王倫面前的，有幾種選擇。第一種選擇是收留。梁山泊的實力固然將大大增強，不過，王倫顯然對駕馭這個局面完全沒有信心，自己的寨主寶座甚至生命，隨時面臨著威脅。此外，這夥人已經劫了生辰綱，打敗了何濤的五百官軍，想必官府不會善罷甘休，可想而知的大兵壓境，也將打破王倫「小盜即安」的「太平強盜」夢。王倫迅速地否定了這種可能。

第二種選擇是：收留晁蓋等人，同時讓出寨主之位給晁蓋，自己老老實實地做一個「顧問」。這樣，雖然失去了寨主之位，但畢竟可以保得性命，同時，在山寨做一個坐享其成的元老，恐怕並不困難。做個「社會賢達」，開寨元勳，從此不問山寨政事，只管分錢享樂，酒肉美女，何樂而不為呢？然而，以王倫的智慧和胸襟，顯然無法讓他做出最為明智的抉擇。明知抓不住，卻偏要不放手，一個最不適合做寨主的，卻創建了梁山泊，命運和王倫開了一個殘酷的玩笑。

第三種選擇，也是最為一廂情願和愚蠢的選擇，但卻對王倫來說誘惑最大，就是像當初對待林沖那樣，出幾錠銀子，打發晁蓋等人下山。然而，王倫忘了一點，當初都沒有把單槍匹馬的林沖打發走，又怎麼可能趕走武藝不凡、實力強大、坐擁鉅資、謀略出眾的晁蓋集團？

當王倫選擇了第三種方案之後，一切都已經不再有懸念。林沖與晁蓋集團通過一次秘密會見達成默契，在吳用的遊說之下，林沖的決心已下：為了梁山的發展壯大，王倫非死不可；為了他林沖有一個更好的地方安身立命，王倫非死不可。

於是，在王倫為晁蓋等人舉行的「送別宴」上，送走的不是晁蓋集團，而是一心只想做太平強盜的梁山泊創始人兼第一任CEO——王倫自己。

在人頭落地前的最後一剎那，王倫大叫「我的心腹在哪裡？」時，無人應答。

啟發：

身爲一個管理者，首先要學會寬容待人。寬容，是做爲管理者的基本美德，而像王倫那樣心胸狹窄、嫉賢妒能是做企業致命的弱點。

一是**管理者要學會寬容**。寬容是一種善良的心理特徵。當宰相肚裡不能撐船時，當不能海納百川時，管理者會陷入一種小肚雞腸、心胸狹隘的情緒之中不能自拔，會做出一些損害他人的行爲，這樣很容易導致員工們的仇視與怨恨，不利於團結大多數的人。當你寬容時，別人也會寬容，當你斤斤計較時，別人也會斤斤計較。在員工們無意識冒犯，或者本性並不壞時，要學會諒解他人，寬容他人等於寬容自己。

二是**對待好人與壞人要有區別**。好人犯錯，要寬容地對待，要學會原諒，對待好人要像春天般的溫暖。壞人犯錯，寬容等於是縱容他做惡與做壞事，會使更多的人無辜受害。對壞人不能原諒，對待壞人要像冬天般的殘酷。管理者要懲惡揚善。

三是**要給予員工們重新改過的機會**。人非聖賢，孰能無過。員工在工作中犯了一點小錯誤，卻不依不饒，會讓犯錯的員工們失去了改正的機會。沒有不犯錯的員工，也沒有不犯錯的領導者。只是我們在追求完美的過程中，要儘量克服各種瑕疵，各種缺陷。員工們的錯誤可以原諒，但是產品與服務的錯誤不能原諒，因爲產品與服務的品質不過關時，會影響企業聲譽，會搞垮企業。所以，可以允許員工犯錯，但不能允許產品品質有錯誤。

四是**管理者要公私分明**。管理者不能因爲在公事上被員工頂撞，或者被員工說壞話，而借機會給員工們「穿小鞋」，暗害員工。這樣做會使員工們鄙視你的爲人，會使很多員工與你離心離德。也不能因爲跟員工關係很好，就搞特殊化，在升職、加薪、學習上暗中關照親近你的員工。這樣會使企業形成各種圈子、幫派勢力，不利於企業員工同心同德、團結協作，這是企業衰敗的象徵。所以，管理者要公私分明，以企業發展爲重要與首要。於公要處事大公無私，於私要團結全體員工。

二、晁蓋：認識不到管理者僅僅是「權力的載體」

林沖火拼王倫之後，除了世事洞明、人情練達的吳用之外，恐怕每個人都認為林沖是想自己做梁山泊之主。根據常理，世上發動政變者，大部分都是想取彼而代之。然而，林沖的選擇，出乎常人意料。

林沖割下王倫的首級後，嚇得王倫的舊部杜遷、宋萬、朱貴慌忙跪下說道：「願隨哥哥執鞭墜鐙！」他們的判斷是：林沖已經與晁蓋集團結合，火拼王倫，林沖將是山寨之主，而由於晁蓋集團的雄厚實力，完全可以拋開他們幾位山寨元老管理梁山泊，因此，作為山寨元老的杜遷、宋萬、朱貴，不但不能再以元老自居，被當作「王倫餘黨」剷除也不奇怪。

此時，晁蓋似乎也沒有摸清林沖的底牌，他的反應也極為老道。晁蓋「慌忙扶起三人來」，一旁的吳用則「就血泊裡拽過頭把交椅來，便納林沖坐地」，叫道：「如有不伏者，將王倫為例！今日扶林教頭為山寨之主。」吳用這番話，可謂半真半假。所謂「半真」，是說晁蓋、吳用沒弄清林沖究竟想不想做梁山寨主；所謂「半假」，是指吳用在林沖火拼王倫之前，在與林沖的那次秘密會晤上，就笑著告訴晁蓋：「兄長放心，此一會倒有分做山寨之主。」雖然晁蓋一再謙讓自己「只是個遠來新到的人，安敢便來占上？」但林沖堅決地把他「推在交椅上」，黃袍加身。事實上，假如林沖當時真的起了貪念，做了寨主，梁山將很可能出現第二次火拼。扶晁蓋上位，是林沖一生中最有智慧的抉擇之一。

沒有質的變化，只是量的增長

雖然晁蓋坐了頭把交椅，然而，這次董事會的改選，卻是由林沖提名或者說「任命」的。

林沖將吳用排在第二位，負責「執掌兵權，調動將校」，相當於CEO——首席執行長；將公孫勝排在第三位，理由是「名聞江湖，善能用兵，有鬼神不測之機」，從實際的工作安排來看，像是個不太管事的「副董事長」。林沖自己居第四位，從實際負責的事務來看，是COO——首席營運長。

這四位，基本上組成梁山新的董事會。晁蓋、公孫勝、吳用三個智取生辰綱的成員，四席之中有其三，居絕對多數地位，大局已定。

不過，晁蓋終究僅僅是個做豪爽莊主的料，他無法進行梁山管理上的大創新，只是簡單地沿用了王倫時期的排名制。而且，在各職能部門、組織結構的設置上，也基本「王規晁隨」。而吳用只是一個輔佐之才，說到繼往開來、革故鼎新，未免力有不逮了。「晁蓋新政」時期的梁山企業，與王倫時代相比，沒有質的變化，只是量的增長，擴大了規模，細分了職能，改善了盈利模式。

接下來得安排經營班子了。經營班子的成員，得從第五把交椅開始排了。晁蓋先虛晃一槍，作出高姿態：「今番須請宋、杜二頭領來坐」。杜遷、宋萬兩人惟一的優點，就是有自知之明，他們想：「自身本事低微，如何近得他們？不若做個人情。」兩人明智地對晁蓋的「盛情」堅持推辭，老老實實地做墊底。

劉唐排在第五名，他是第一個帶來生辰綱情報的人，功勞不小。「三阮」的排列是第六、七、八位，按兄尊弟卑的次序排列（在功勞和能力沒有明顯區別的情況下，只能由倫理和習慣來發言了），墊底的是王倫舊部：杜遷、宋萬、朱貴，按原來的順序，坐了第九、十、十一位。

至於其他的王倫舊部，那些中層幹部和嘍囉們，晁蓋叫他們「各依舊職，管領山前山後事務，守備寨柵灘頭，休教有失」。在高層的大地震之後，對於底下的小兵小將來說，給誰打工不一樣呢？

新董事會成立、經營班子重組之後，晁蓋上山所做的第一筆「業務」（當然還是打劫），是怎麼進行利潤分配的呢？「眾頭領看了打劫得許多財物，心中歡喜，便叫掌庫的小頭目（梁山已經有了專職會計核算人員或倉庫保管人員，職能分工已經開始細化），每樣取一半收貯在庫，聽候支用；這一半分做兩份，廳上十一位頭領均分一份，山上山下眾人均分一份。」

首先，將打劫所得的財物，平均分為公私兩部分：一半用於山寨的公共事務，比如「修整寨柵，打造軍器——槍刀弓箭，衣甲頭盔，安排大小船隻，教演人兵水手上船廝殺」，賞賜有功嘍囉、花錢賄賂官府官吏、接山寨大頭領的家小上山居住生活、大碗喝酒、大塊吃肉……哪樣不要花錢？這部分錢，是企業留存的未分配利潤，用於各種成本費用開支和擴大再生產。

而餘下的一半財物，又平均分成兩半，也就是說，全部財產的四分之一，由十一位有交椅的大頭領均分；另外的四分之一，則由其餘的七八百號嘍囉平均分配。顯然，十一位頭領所分得的財產，和七八百名嘍囉的一樣多，即平均每位頭領分得的份額，是每位嘍囉的七十倍左右。梁山的新「分肥體系」，在不同階層之間，收入差距拉得很開；在相同階層之內，則實行平均主義。

有勇無謀，沒有什麼雄才大略

晁蓋的為人，從《水滸傳》裡看大概有四點：一是仗義疏財；二是好結交江湖人士；三是不懂得體察人情；四是有勇無謀，沒有什麼雄才大略，又有些家長作風。正因此，他做了山大王後，雖也攔路打劫，但強調「只可善取金帛財物，切不可傷害客商性命。」這就比王倫更有仁慈之心，但沒有完全擺脫強盜的品性。

不過，晁蓋的手段畢竟比王倫高明了許多。他一即位，便把打劫來的生辰綱、財物及自己家裡的金銀財帛賞賜給眾人，體現了他仗義疏財的一貫作風。做了梁山老大後，他又安排修理寨柵，打造兵器，命令手下嘍囉加緊操練，準備迎敵，這既穩定了軍心，又對梁山事業的鞏固起到了一定的作用。

他的霸道和不體察人情，書中有很多這方面的例證。比如投奔王倫，他明知王倫的為人，初會王倫，就被王倫的「熱情」所迷惑，而未察覺到王倫毫無收留之意，還對人說「此恩不可忘報」。真是反應遲鈍，太迷糊了。花榮上梁山投奔於他，人誇花榮神箭，惟獨他不信，使花榮很不開心。還有楊雄、石秀上山，講起時遷偷雞，祝家莊誓與梁山為敵之事，晁蓋不分敵我，不恨祝家莊人，反而責怪楊雄等人有辱山寨，盛怒之下，就要「孩兒們將這兩個與我斬訖報來」。作為梁山上的主要領導人、一把手，處理事情也未免太輕率了一點。

他有勇無謀，沒有什麼雄才大略，表現在對一些突如其來的事件的處理上，他總是驚慌失措，束手無策，只講「芥立同心，共聚大義」，對山寨前途無具體打算，這「大義」是什麼也不明確。他的這些弱點，書中也披露了不少。比如生辰綱事敗露後，他就慌張地不知所措，竟不知「走哪裡去好」，一點主意都沒有。每當官兵來進剿，他都是「大驚」，問吳用「如何迎敵」，關鍵時刻都是如此恐慌，缺乏主見，這怎能當好這一山之主呢？

晁蓋的遺言：孤獨的自私

曾頭市晁蓋中了毒箭，神醫安道全也回天無力，終於命喪黃泉。彌留之際，原本「已自言語不得」的晁蓋忽然醒了過來，「轉頭看著宋江」，諄諄囑咐道：「賢弟保重。若那個捉得射死我的，便叫他做梁山泊主。」這便是晁蓋的「臨終囑咐」，也是晁蓋的惟一遺言。

晁蓋這遺言好沒道理。晁蓋這「梁山泊主」是怎麼當上的？不是世襲的，不是選舉的，也不是指定的，而是林沖火拼了王倫，眾人擁戴的。說白了，他這「第一把交椅」，是林沖從王倫手裡奪了來推讓給他的。他現在坐不了啦，理應還給林沖和眾人，由林沖和眾人再作商量，豈可視為己有，私相授受？林沖火拼王倫時曾罵王倫說：「這梁山泊便是你的？」當然不是。於是王倫便只好掉腦袋，而晁蓋也才得以當寨主。那麼，梁山泊不是王倫的，便是晁蓋的麼？顯然也不是。梁山泊根本就不屬於哪一個人。既不是他王倫的，也不是你晁蓋的。王倫活著尚且不能獨霸，你晁蓋人都快死了，豈能再管誰當家誰做主？

晁蓋這遺言也好生蹊蹺。照理說，晁蓋升天，宋江升職，是順理成章的事。宋江原本就是「二把手」，一人之下眾人之上，地位威望均無人可比。所以晁蓋一死，吳用、林沖等人便不管什麼遺囑不遺囑，全都跑來找宋江，「請哥哥為山寨之主」。他們的理由有兩條，一是「四海之內，皆聞哥哥大名」；二是「若哥哥不坐時，誰人敢當此位」。其實，還應該加上一條，那就是自從宋江上山以來，梁山的事務實際上一直是宋江在主持，晁蓋不過只是名義上的寨主。因此，晁蓋死後，由宋江繼位，不但天經地義，而且大得人心。

然而晁蓋卻偏偏不想讓宋江當寨主。如果他想讓宋江當寨主，根本就不必立什麼遺囑，這寨主之位，自然就是宋江的；而以宋江武藝之稀鬆平常和根本不可能直接上陣交手廝殺，又豈能捉得史文恭？顯然，晁蓋這一遺言，幾乎是公開暗示不肯讓位於宋江了。

這就奇怪了。因為晁蓋一向視宋江為「生死之交」，而且宋江上山之初，晁蓋就打算要讓位的。晁蓋說：「當初若不是賢弟擔那血海般干係，救得我等七人性命上山，如何有今日之眾？你正是山寨之恩主。你不坐，誰坐？」以晁蓋之為人實在仗義，說這話不大可能是虛情假意。只是因為宋江的堅持不就，這才形成梁山領導核心晁蓋第一、宋江第二的基本格局，何況宋江不肯坐第一把交椅的理由，是因為晁蓋年長。宋江說：「論年齒，兄長也大十歲，宋江若坐了，豈不自羞？」現在這個問題沒有了，正該那「山寨之恩主」來坐主位，怎麼會半路裡殺出個「臨終囑咐」來呢？

這不能簡單地解釋為晁蓋自私，一心只顧報那「一箭之仇」，把個人的恩怨看得比山寨的成敗興衰還重。作為梁山領袖，晁蓋其實一直在思考後一個問題，而且越想就越是對宋江不放心，因為他越來越意識到，宋江在梁山上的人緣威望早已遠遠超過了他，而宋江對梁山前途的看法和自己又不一樣。

晁蓋其實是一個沒有多少勢力、能力，也沒有多少心眼的人。他在江湖上聲望遠不如宋江，哥們兒也沒有宋江那麼多。晁蓋去世時，梁山頭領凡八十九人，屬於「晁蓋圈子」的不足十人，也就是最初跟隨他上山的幾個再加上林沖。至於杜遷、宋萬、朱貴，人微言輕，無足輕重，本人的心態也是無可無不可，頂多只能算作中間力量。其餘先後上山的，便基本上是「宋江團隊」。

破清風寨後，花榮、秦明、燕順、王英一撥九個；劫法場後，戴宗、李逵、張順、李俊一撥十一個，這些都是宋江的「心腹弟兄」。以後三打祝家莊、大破連環馬、三山聚義打青州，一撥一撥的人馬上山，不是宋江的門徒（如孔明、孔亮），便是宋江的故交（如武松、柴進），不是為宋江所收（如呼延灼），便是專奔宋江而來（如段景住）。這些人上山後，自然多半只認得宋江，不大認得晁蓋。比如魯智深在少華山上要拉史進等人上梁山，便說「俺們如今不在二龍山了，投托梁山泊宋公明大寨入夥」；被華州賀太守捉住，也說「我死倒不打緊，洒家的哥哥宋公明得知，下山來時，你這顆驢頭趁早兒都砍了送去」。在他們嘴裡眼裡，梁山泊早就是「宋公明哥哥」的了，沒晁蓋什麼事。

宋江不但人多，而且關係鐵，過得硬。花榮、李逵，是能和宋江一起去死的；武松、魯智深、史進、燕青，還有那個「拼命三郎」石秀，都是些「水裡火裡不回頭」，而且「該出手時就出手」的漢子。這些人在梁山上，敢說敢罵，敢作敢為，說一不二，舉足輕重。正是靠著他們的擁護，宋江上山不久，就成了事實上的梁山之主。

相反，晁蓋的圈子既小，而且又很鬆散。公孫勝是個「閒散的人」，不去管他；白勝無足輕重，也不去管他；吳用是晁蓋的老弟兄，又是和晁蓋一起上山的，卻在宋江上山之後很快倒向了宋江。每次晁蓋和宋江發生分歧，吳用都站在宋江一邊，幫宋江說話。劉唐也是晁蓋舊部，和晁蓋一起出生入死，按說應該堅決執行「天王遺囑」

的，然而卻在關鍵時刻「喪失立場」，成了「保宋派」，還要提供「理論根據」，道是「我們起初七個上山，那時便有讓哥哥（指宋江）為尊之意」，似乎只有宋江當寨主，才真正是天王遺志，讓捉得史文恭者為首，反倒違背了晁蓋意願。

林沖的態度也很曖昧：晁蓋在位時，他倒是願意幫晁蓋做些事情（比如攻打曾頭市，便是林沖相隨）；但晁蓋死後，領頭請宋江就寨主之位的，卻也是林沖。可以肯定，如果宋江和晁蓋發生衝突，林沖多半會守中立。算來算去，和晁蓋最鐵的，也就是阮家三雄，可惜他們人太少，又常年在山下水寨，成不了什麼氣候。如此看來，晁蓋其實很孤立。

晁蓋是什麼時候感到這種孤立的？不大清楚，但曾頭市事件肯定是一個總爆發。梁山泊要打曾頭市，起因在於一匹「照夜玉獅子馬」，這匹馬是段景住盜來獻給宋江的。晁蓋是山寨之主，段景住要以此馬作為晉身之階，上山入夥，理應獻給晁蓋才是，怎麼卻要「獻與宋公明哥哥」呢？任晁蓋再大度，心裡也不能不起疑。

事實上，這種事情出得多了。早在宋江將上山未上山時，就有歐鵬等好漢前來相見，道是「只聞山東及時雨宋公明大名，想殺也不能夠見面」。這話當著晁蓋的面就這麼說，好在大家「義氣深重」，又都是來救宋江的，也就不會介意。可是，後面上山的人，也都說是衝著宋江來的。李逵、武松、魯智深等人就更是喊得厲害，口口聲聲「江湖上只聞及時雨大名」，這就不能不讓晁蓋有了想法。晁蓋即便再愚鈍，也不會感覺不到，梁山好漢們對他的態度是客氣多於敬重，對宋江卻是實實在在的又敬又愛。

與此同時，晁蓋也一定能感覺到宋江是在一步一步有意無意地架空他。自宋江上山，梁山泊的大半個家，便都是宋江當了。但有疑問，都是宋江拿主意；但有征戰，也都是宋江領兵下山。每到這時，眾頭領的態度，不是一片響應「哥哥所言極是」，便是一片踴躍「願隨哥哥前往」。晁蓋有什麼決定，總是被委婉地駁回；想要領兵下山，也總被客氣地勸阻。「哥哥是山寨之主，不可輕動」，宋江總是這麼說，結果，宋江的功勞越來越大，人馬越來越多，威望也越來越高。這就不能不讓晁蓋心裡有點那個了。再說，晁蓋也弄不明白，他這個「山寨之主」，究竟是統帥全局的領袖，還是擺看的花瓶？究竟要什麼樣的事，才該他出面、出手、做主，才不是「輕動」？晁蓋心裡，真是想不明白，好沒意思。所以這一回，晁蓋決計不聽宋江那一套，死活要帶兵下山去。不但「宋江苦諫不聽」，而且「晁蓋忿怒」。這「忿怒」二字值得玩味，忿怒什麼呢？顯然不僅僅是因為曾頭市。

想當時晁蓋一定有一種緊迫感。他對宋江說：「你且休阻我，遮莫怎地要去走一遭！」同時晁蓋一定也有一種孤獨感。以往宋江下山時，只要說一聲「小可情願請幾位弟兄同走一遭」，廳上廳下便會一齊都道「願效犬馬之勞，跟隨同去」。就連打一個小小的芒碭山，吳用和公孫勝都要左右輔佐。這一回，卻似乎沒什麼人自告奮勇，得晁蓋自己點將。吳用和公孫勝都留下陪伴宋江，打先鋒和當軍師全靠「梁山初結義」時的弟兄林沖一人，這就幾乎注定了晁蓋要失敗。而緊迫、孤獨導致的狂躁、冒進，則是晁蓋失敗的直接原因。

其實，晁蓋不如宋江之處甚多。他既無遠慮，亦無近謀，而且往往意氣用事。比如楊雄、石秀兩個來投奔梁山，晁蓋要砍他們的腦袋，原因只在於「這廝兩個把梁山泊好漢的名目去偷雞吃，因此連累我等受辱」。結果遭到眾人反對，人情也讓宋江做了。這豈非考慮欠妥？再說了，既然已經答應他兩個入夥，就該唯才是舉、好生安頓，晁蓋卻叫他們坐在楊林之下。想那楊林不過地煞星之十五，楊雄、石秀卻在天罡星之列，武藝本事相去何遠？可知晁蓋實在沒有識人之力、用人之量，也實在不夠資格當領袖。

難怪晁蓋這領袖當得有點窩囊了。最窩囊的是，他明明看出了宋江有招安的意思，自己也很不贊成招安，卻又無可奈何。招安對不對、好不好先不說，好歹也是一個綱領一條路線，晁蓋卻什麼綱領路線都沒有。他的上山，原本就稀裡糊塗；上山以後，又得過且過。依照他的想法，既不必像李逵嚷嚷的那樣，「殺去東京，奪了鳥位」（他自知無此能耐），也不要像宋江琢磨的那樣，招安投降，謀個一官半職（他明白那並非出路），最好就這麼混著，當一天強盜打一天劫。只要弟兄們日日在一處廝混，有肉吃，有酒喝，就不賴。當然，晁蓋並不蠢，他也心知肚明，清楚這終非長久之計，可惜又拿不出更好的辦法，只好過一天算一天，或者寄希望於來人。在他看來，有本事捉得史文恭者，一定有勇有謀。有勇，就不會投降；有謀，就能找到出路。

這當然是個辦法，可惜行不通。因為那捉得史文恭者，如果是山寨中人，豈肯顛覆宋江的領袖地位；如果是山寨外人，又怎麼顛覆得了！顯然，不管是誰捉得史文恭，也仍得讓宋江去坐那頭把交椅。所以，晁蓋的如意算盤，幾乎注定了要落空。

晁蓋戰死疆場，自然不失英雄本色，但同時也說明他確實不具備領袖資質，甚至缺少大將風度。凡為人主、為將帥者，必須能忍人所不能忍，為人所不能為。像晁蓋這樣沉不住氣，怎麼行呢？

啟發：

一個管理者僅僅是權力的載體，而並非權力本身，就像梁山不是王倫的，自然也不是晁蓋的。一個企業不是管理者的「私有財產」。在如今這個時代，一個只會簡單運用權力去控制、監督下屬從而製造等級和溝通障礙的管理者，必然會被淘汰！

因此，一個管理者的權力欲望不能太強，特別是這個管理者總是認為自己能力很強，處處要求別人按照其設定的要求行事，甚至事事躬親，必然會削弱組織的活力、創造力。

如果一個管理者意識不到這個問題，不明白爲公司培養人才的責任，就很可能成爲公司的瓶頸，極強的個人能力就會成爲公司的一個負擔。這個問題的解決在於讓管理者學會「授權」，在於學會把大部分自己緊抓不放的事情下放給下屬做。

三、宋江：民營企業的主流化改造

宋江上山，在梁山歷史上的意義，比晁蓋上山重要得多。值得注意的是，宋江上山，不是單槍匹馬上來的，而是帶了一大幫人，而且是一大幫很有實力的人。比如，箭術和李廣有一拼的花榮、脾氣大本事也大的秦明、殺人不眨眼的李逵、在水裡游得比魚還快的張順、走路比赤兔馬還快的戴宗，等等，一下子帶上來二十幾號將領，還有很多這些將領的老部下。和晁蓋上山時的情況類似，新上山的隊伍實力，超過了原來在山上的舊力量。

宋江上山之後，梁山的董事會成員變成了四位：晁蓋、宋江、吳用、公孫勝。而各位「有座位的」頭領——各個職能部門的管理層，數量也急劇增加，宋江帶來的二十幾位頭領，在數量上佔據了優勢。宋江帶上山來的，還有很多嘍囉、士兵，主要包括他一路「併購」來的清風山、黃門山、對影山的人馬。在這種局面下，梁山的旗幟要想不「變色」，恐怕很難了。

廢除排名制，解決組織制度大難題

雖然在名義上，宋江還是坐在晁蓋之下，屈居第二，但是，宋江「不按牌理出牌」，下了一招妙棋——廢除排名制，徹底改變了梁山的組織制度。他在沒有事先徵求晁蓋、吳用、公孫勝三人意見的情況下逕自開口，發佈了他的「一號命令」——「休分功勞高下，一行舊頭領去左邊主位上坐，新到頭領到右邊客位上坐。待日後出力多寡，那時另外定奪。」也就是說，不管以前功勞、資歷如何，以前的排名統統不算，以後按照功勞重新考核，再評定座次。

從此，梁山從王倫時代就開始實行的基本組織制度——排名制，被宋江廢除，直到最後梁山已經形成「小朝廷」的規模和實力，一百零八將排座次時，才重新拿出來使用。

宋江的這道「一號命令」，可以說是一舉兩得。二十幾位來路不同的新頭領一起上山，這些人的素質、才能、貢獻自然參差不齊，更何況梁山公司中原來已經有不少頭領，包括王倫舊部、智取生辰綱的晁蓋舊部、林沖等以「個人」身分加入的獨立人士，如果現在馬上就排座次，那麼，以什麼指標來排才能服眾呢？是資歷、年齡、功勞，還是能力、武藝、人緣，抑或是「政治站隊」、與晁蓋或宋江關係的親疏？舊頭領們已經佔據了「前排的好座位」，後來上山的新頭領們，難免會在排座上吃虧，只能「上後排擠擠」？如果是這樣的話，梁山就會失去再吸收精英的能力——論資排輩為主的企業，總是沒有辦法吸收人才，並且會導致整個隊伍的平庸化。後來上山的呼延灼、關勝、花榮、盧俊義、柴進、武松、魯智深等人，怎麼會甘願坐到杜遷、宋萬的後面呢？

推倒重來，一石二鳥，公私兩得

宋江廢除排名制的「一號命令」，一下子將除董事會四位成員之外的排名，全部打亂「歸零」，從此，甩掉了以往歷次排名的歷史包袱，梁山也因此萬象更新——不要再談你什麼時候上山的資歷了，不要再談你與某頭領的多年「戰鬥友誼」了，不要再談你曾經為山寨打家劫舍、抗擊官軍立過的功勞了，這些統統不管用了。

從「公」的角度來講，宋江廢除排名制的「一號命令」，打開了梁山發展的無限空間，把每個人內心深處潛藏的過去無處發揮的理想、欲望，統統以前所未有的方式釋放出來了。

從現在起，無論是新頭領還是舊頭領，每人拿到的，都是一本嶄新的「考核本」，考核指標只有一個：功勞大小。願意出多大力氣，為你的排名向前挪動而努力，取決於你自己。可以想像，很多人在摩拳擦掌，枕戈待旦。那些自認為技高一籌、頗具實力的來自原來朝廷的將領們，更是高興，這個考核體系，遠遠強於大宋朝廷的考核體系！從此，一刀一槍，征戰「沙場」，雖然不能封妻蔭子，但至少也能在山寨中一展抱負，不枉為人一世！

而從「私」的角度來講，宋江的「一號命令」，已經把晁蓋完全架空，掌握了梁山的實權、實力、實利。相當於在不動聲色、談笑風生之間，完成了一場宮廷奪權政變，把梁山的實際領導權，抓到了自己手裡。

宋江廢除排名制的「一號命令」，等於將晁蓋以往的山寨舊權力體系，從根子上全部推倒，山寨中各頭領的前途命運，完全取決於立功，而所謂立功，當然要在梁山的東征西討、南征北戰中得到體現。然而，晁蓋在軍事指揮方面的才能，遠遠不如宋江，後來所有的重要戰役，如三打祝家莊、攻打高唐州等，全部是在宋江的指揮之下，因此，所謂立功，當然就是在宋江麾下的戰鬥表現。

宋江帶著二十幾員猛將和大隊人馬，與原來晁蓋系執掌下的梁山合併。就像無數類似的公司併購一樣，一開始看上去是合併，可是，不久以後當事人就會發現，其實這是一次收購。

晁宋並立，吳用暫時代理CEO

晁蓋上山早，收購了王倫系的股份之後，成了梁山的董事長兼CEO。宋江上山以後，晁蓋仍然是董事長，而宋江出任副董事長，不過，兩人地位基本相當，只是晁蓋在名份上略高一頭。論實力，宋江系的人馬雖然佔有優勢，但與晁蓋系的差距不是很大，雙方真正的差距，是在三打祝家莊以後才拉大的。在這種很尷尬、很微妙、很危險、很緊張的氣氛下，吳用當仁不讓，短暫代理了梁山的CEO一職，主管山寨事務，並在晁宋兩人之間進行協調。等到三打祝家莊之後，才辭去這一職位，令梁山平安渡過了兩強合併之後最危險的磨合期。

這種情形，有點像一九九八年花旗與旅行者公司的合併。旅行者的桑迪・威爾和花旗的約翰・里德，兩強對峙，引入前任財政部長羅伯特・魯賓，加入花旗集團作為主席辦公室的第三名成員。當然，魯賓沒有吳用的代理CEO的職權。後來的結局也類似，兩強相爭，必有一傷。在花旗的故事中，約翰・里德黯然下臺，桑迪・威爾「反客為主」，獨掌大權；而在梁山的故事中，宋江也同樣上演了「反客為主」的劇情。

這次三打祝家莊之前的梁山人事重組，維持的時間很短暫，不過，它作為晁宋兩系對峙、吳用代理CEO期間的過渡政權的意義，很值得一看，對很多公司的併購，都有借鑒價值。

完善職能部門，任用專業人士

吳用所做的第一件事情，就是對梁山的情報系統進行大擴張。朱貴仍掌管梁山東面的酒店；童威、童猛兄弟，在梁山西面開設酒店；李立，在梁山南面開設酒店；石勇，在梁山北面開設酒店。這四家酒店，負責「專一探聽吉凶事情，往來義士上山。如若朝廷調遣官軍捕盜，可以報知如何進兵，好做準備。」

四家酒店承擔著偵察打探情報、接待各地客人的任務。四家酒店中，歷史最久的東山酒店，仍由晁蓋系的朱貴掌管，其餘三家酒店，均由宋江系親信負責。在接下來的三打祝家莊戰役中，石勇的北山酒店，接納了前來投奔的孫立集團，被石勇截下，沒有上山見晁蓋，而是直接投入了宋江的戰鬥隊伍中。試想一下，如果他們來到了朱貴的酒店，也許朱貴就會立刻送其上梁山見晁蓋，孫立集團也許就將成為晁蓋系的人馬。可見，誰對酒店這一情報系統失去控制，誰就成了瞎子、聾子。

接下來，吳用完善了梁山的職能部門，他開出了一張任命名單。

陶宗旺擔任總監工，負責固定資產投資，負責「掘港汊、修水路、開河道、整理宛子城垣，修築山前大路」。陶宗旺屬於技術性官僚，與政治派別關係不大，主要是利用他「原是莊戶出身，修理久慣」的專業技術與才能。

蔣敬當CFO，首席財務長，負責「掌管庫藏倉廒，支出納入，積萬累千，書算帳目」。蔣敬號稱神算子，雖然高考落榜，但算賬很有一套。穆春、朱富負責管收山寨錢糧。

蕭讓負責建立梁山的公文系統，「設置寨中寨外，山上山下，三關把隘許多行移關防文約，大小頭領號數」。金大堅的職責和蕭讓是一體的，他負責「刊造雕刻一應兵符、印信、牌面等項」。侯健則負責軍需部門，管造衣袍鎧甲、五方旗號等。

以上的陶宗旺、蔣敬、蕭讓、金大堅、侯健五人，都是身有一技之長的技術官僚，哪怕像財務這種要害部門，固定資產投資這種肥缺，仍然堅持了使用專業技術人士的用人原則，這是可圈可點之處。而穆春、朱富，一個是富家子弟，一個是酒館老闆，對於錢糧之事，也並不陌生。

另外，馬麟監管修造大小戰船，但是因為馬麟沒有這個特長，所以很快被換掉，這是個過渡性職位；剛上山的李雲監造梁山公司一應房舍、廳堂，李雲剛上山僅一天，就拿到這個肥差。這裡頭有個細節，值得講一下，涉及到晁宋兩系的博弈平衡。

按照宋江上山時頒佈的「一號命令」，宋江上山前的舊頭領坐一邊，宋江上山後的新頭領坐一邊。可是，這次李雲、朱富上山，晁蓋卻讓他們坐到白勝這些「舊頭領」一邊，這無疑是晁蓋的一個「小動作」。

其餘的人事安排基本正常，宋萬、白勝去金沙灘下寨；王英、鄭天壽在鴨嘴灘下寨；呂方、郭盛在聚義廳兩邊耳房守衛。呂方、郭盛雖然算是宋江系的人馬，不過，放在耳房當親兵守衛，主要還是看中他們兩人的英俊瀟灑。

另外，宋清專管筵宴。很多人認為，宋清百無一能，就知道「酒食口腹之事」，其實不然。「大碗喝酒，大塊吃肉」是很多江湖草莽英雄上梁山的一大理想，這是關係到梁山民心、軍心的大事，宋清是宋江之弟，宋江素來以廣交天下英雄出名，宋清對於安排筵宴，應該很有經驗。

吳用對杜遷的任命，值得所有做併購的企業咀嚼。他下令，「山前設置三座大關，專令杜遷總行守把，但有一應委差，不許調遣。早晚不得擅離。」

這個任命來得蹊蹺。論才能、論本事，在此時的梁山公司，杜遷絕對不夠資格坐這個關鍵的位置。但是，杜遷是梁山資格最老的兩個創始人（王倫、杜遷）之一，鎮得住這些新上山的後輩；政治上，他比晁蓋、宋江上山都早，也沒有什麼特別的淵源，立場中立；閱歷上，見識過了林沖火拼王倫的場面，心有餘悸，知道在宋江系人馬大批上山的時候，很容易「擦槍走火」，引發內訌。因此，他把守這個關口，不是防官軍的，而是防範內部的「不滿分子」。

所以，吳用專門讓杜遷「但有一應委差，不許調遣。早晚不得擅離」。除了吳用的命令，不管是晁蓋還是宋江的命令，杜遷都可以不聽。當年太平天國的「天京事變」，東王楊秀清、北王韋昌輝、翼王石達開自相殘殺，大傷元氣，就與太平天國軍事、組織制度的不合理有關。而許多企業在併購之後的內鬥不斷，其禍根很多都出在組織結構的設計上。吳用這個過渡期的代理CEO，給大家上了一課。

宋江的併購理由

三打祝家莊，是梁山上晁蓋、宋江兩派勢力、兩條路線鬥爭的最後一次大交鋒。晁蓋這個梁山公司的董事長，是不主張這次併購的。宋江這個副董事長極力建議，靠著他的威信和吳用的支持，使得這一提案被勉強通過。在這次併購中，宋江押上了他的所有政治資本，終於在這次豪賭中險勝。

晁蓋反對這次併購，有公私兩個原因。從內部政治的「私」來講，宋江加盟梁山之後，晁蓋系與宋江系形成了脆弱的權力平衡。但是，一批批的江湖人物不斷在宋江系人馬的引薦之下加盟梁山，例如與祝家莊發生衝突、上山請求發兵相救的楊雄、石秀，就由宋江的嫡系戴宗引薦。如果任由宋江系的勢力如此無休止地、如藤蔓般地借助關係網不斷延伸擴展開去，將膨脹到自己無法控制的程度。因此，在楊雄、石秀上梁山請求發兵攻打祝家莊、營救被祝家莊抓住的時遷之時，一向樂於助人的晁蓋斷然拒絕，甚至要將楊雄、石秀推出去殺了。

從「公」的角度來看，梁山現在人員急劇增多，經濟負擔急劇增加，如果要向外擴張，肯定要連年戰火，不得安寧。而上山前安於做一個富莊主，上山後安於做一個太平寨主的晁蓋，顯然對於這種急劇地、無休止地向外擴張，很不感興趣。

宋江不惜和晁蓋唱反調，堅持要打祝家莊的原因，有幾個。

祝家莊作為老牌大公司，擁有龐大的現金和資源儲備，而梁山公司當時雖然表面上風光無限，蒸蒸日上，其實現金和資源儲備卻十分不足。正如宋江所講的，「眼下山寨人馬數多，錢糧數少」。梁山的日常開銷很大，比如，楊雄、石秀兩人剛一上山，就享受「撥定兩所房屋，每人撥十個嘍囉伏侍」的待遇。這些待遇靠什麼來維持？當然要錢，要糧食。上萬人馬要大吃大喝、要穿綢裹緞，這些都需要源源不斷的白花花的銀子！

祝家莊的現金和資源儲備，大到什麼程度呢？宋江說過：「若打得此莊，倒有三五年糧食。」我們來算個賬：打下祝家莊以後，梁山將士把「祝家莊多餘糧米，盡數裝載上車；金銀財賦，犒賞三軍眾將；其餘牛羊騾馬等物，將去山中支用。打破祝家莊，得糧五十萬石。」在宋朝，一石約有七十六公斤，那麼，打破祝家莊，梁山得糧足有三萬八千噸！以梁山公司兩萬人馬計算，假設每人每天放開肚子吃，一天吃三斤（一點五公斤），也足夠梁山人馬吃將近三年半。

宋江講了四個攻打祝家莊的理由：「一是山寨不折了銳氣；二乃免此小輩，被他恥辱（這兩條都是面子問題）；三則得許多糧食，以供山寨之用（這是裡子）；四者就請李應上山入夥（不但要得財，還要得人）。」

晁蓋、宋江這兩位董事會成員僵持不下之時，吳用投了最關鍵的一票：「公明哥哥（宋江）之言最好，豈可山寨自斬手足之人？」吳用表態了，楊雄、石秀不能殺，應該攻打祝家莊。正是因為吳用這關鍵的一票，使得強行併購祝家莊的提案，以微弱優勢勉強得以通過。

晁蓋退出舞臺，吳用倒向宋江

吳用的這一票，還意味著他在面對晁宋二人的權力之爭、梁山是「守成」還是「擴張」的路線之爭上，站到了宋江的一邊。晁蓋企圖阻止梁山不斷併購的努力徹底失敗，而宋江的擴張路線成為主流。從這一刻起，晁蓋對於梁山公司的上上下下來說，成了一個名存實亡的符號，梁山的真正主人，已經是宋江了。當然，如果攻打祝家莊失敗的話，宋江就得退出舞臺。

這次併購案，晁蓋基本沒有參與，而此後的一系列南征北戰，晁蓋都成了一個無關輕重的旁觀者，只有送行和慶功等儀式上的義務。宋江告訴他，「只是哥哥（晁蓋）山寨之主，豈可輕動？小可不才，親領一支軍馬，啟請幾位賢弟下山，去打祝家莊。若不洗蕩得那個村坊，誓不還山。」從此，宋江每次都用「哥哥山寨之主，豈可輕動」這句話，將晁蓋「軟禁」在山寨中，不讓他下山征討建功，直到最後攻打曾頭市時，晁蓋實在寂寞難耐，親自出征，結果被史文恭一箭射死，終結了他在梁山中的符號式生命。

而三打祝家莊得勝之後，作為梁山正式走入「宋江時代」的標誌，又進行了一次組織結構大調整，這次調整是由宋江所主導的。書中寫道，「且說晁蓋、宋江回至大寨聚義廳上，起請軍師吳學究定議山寨職事。吳用與宋公明商議已定……」請注意，只是吳用和宋江兩人商議決定的，根本沒有晁蓋的份了。

除了安排更多新加盟的專業人士以外，這次調整有個重要變化：原來吳用代理CEO期間，作為防止晁、宋兩派勢力內訌的安排——讓杜遷「總行守把山前三座大關，但有一應委差，不許調遣」——被取消了，改為解珍、解寶守山前第一關，杜遷、宋萬守宛子城第二關，劉唐、穆弘守大寨口第三關。

對於晁蓋來說，更具有諷刺和威脅意味的是，宋江和吳用決定，派楊雄、石秀守護聚義廳兩側。楊雄、石秀這兩位，在不久前上山請求派兵打祝家莊時，差點被晁蓋下令推出去殺掉，他們對晁蓋縱然不懷恨於心，也肯定沒有半點好感。這個任命，正是晁蓋退出歷史舞臺、宋江獨攬大權的最佳注解。

引入精英，進行主流化改造

那些大大小小的山寨的加入，對於梁山來講，意義已經不是太大。二龍山、少華山、桃花山、白虎山、芒碭山，有的三五百人，有的七八百人，芒碭山則有三千之眾，儘管這些新加入的隊伍中，有史進、武松、魯智深這些業界很有影響的人物，可是，他們對梁山的發展，只是量變的累加，無法實現質變的飛躍了。

創業時期的草莽英雄們，固然餘勇可賈，可是，確實也有點「跟不上形勢」、上不了「臺面」。這時候，就得引入外界的精英，比如弄個在微軟、IBM、通用電氣之類的大山頭做過大中華區總裁、全球副總裁之類的學歷、資歷、閱歷都鎮得住場面的人。既可提升企業在江湖上的聲望，又可以在那斯達克、香港、國內A股上市時，添加幾重光環。如果運氣足夠好，請來的這位不光外表光鮮，而且還是個有本事的「真佛」，那就更好了，可以幫助企業實現主流化改造。

對於梁山來講，能夠幫它起到主流化改造作用的，是呼家將的後代呼延灼、關羽的後代關勝、皇帝身邊的高級保安部隊頭領徐寧、皇家後代龍子龍孫柴進、「堂堂一表，凜凜一軀；生於富貴之家，長有豪傑之譽；力敵萬人，通今博古」的河北玉麒麟盧俊義。

被宋江架空的晁蓋，耐不住寂寞，冒險進攻曾頭市，結果被一箭射死，臨死前，他留下一句話：「賢弟保重。若那個捉得射死我的，便叫他做梁山泊主。」這是表面寬厚純樸的晁蓋，給宋江設下的一道大難題。

宋江知道，不管誰捉住史文恭，如果他硬要坐這把交椅，誰也攔不住。但是，這樣一來，他的政權合法性就大受質疑，而晁蓋舊部以及新上山的這些有頭有臉的外界精英都會不服，梁山就面臨著因內訌而失敗的危險。宋江和吳用的解決辦法之一，就是請盧俊義上山。

宋江自己出身小吏，起自草莽，可是，盧俊義的出身、能力、氣魄，都能夠鎮得住那些上山來的新精英。為了讓盧俊義死心塌地，宋江和吳用設計，把與盧妻通姦的李固利用起來，讓他害盧俊義進入死囚牢，然後宋江率兵把他救出。這是救命之恩，盧俊義從此心服口服，別無二心。所以，雖然在攻打曾頭市一役中，盧俊義陰差陽錯、鬼使神差地捉到了史文恭，但無論從資歷、道義上來講，盧俊義都不會坐、也不敢坐這把交椅。

啟發：

也許宋江在達成核心目的的過程中犯了錯誤，但從總體上看，宋江的領導是正確的。有高超的領導力，是宋江帶領梁山取得輝煌成績乃至打敗方臘的重要因素。

通過以上分析，我們知道，無論是個人，還是企業領導，要想實現人生目標，就要具備很高的領導力，宋江這樣的人就是很好的例子。

◆延伸閱讀◆

宋江招安的深層次原因

談到《水滸傳》，不得不談到宋江的招安，而談到梁山事業衰落的原因，我們首先想到的原因就是宋江的招安。然而，宋江處心積慮接受招安背後的深層次原因是什麼呢？我們往往不去思索。

其實，作為生活在宋朝這一歷史大背景下的知識分子，宋江的性格、心理狀態是異常複雜的。這裡我們暫不去探究宋朝的政治大背景，也不去考察宋朝以來文人的社會文化底蘊，我們只就宋朝的經濟狀況對宋江性格塑造的影響談些看法。如果不能從經濟方面追尋一個時代對一個人、一個群體的影響，那我們在此單純地議論宋江是忠是奸，是好是壞，是進步還是退步，那都是粗淺鄙陋的。

北宋末期，朝廷統治日趨腐朽。宋江等人是在徽宗宣和年間起事的，然而在歷史發展總的序列中，當時北方的游牧民族女真族正處於蒸蒸日上的強盛時期，他們憑藉強悍的武力大肆向南擴展，北宋政權最終被其滅亡，而不是被內部的叛亂勢力或起義軍所滅。因此，儘管當時北宋王朝奸臣當道，但整個的國家大廈還沒有到了僅憑自己的內力就發生坍塌的地步。

如果將北宋時期的農民起義與已往的農民起義相比較，我們就會發現，無論是王小波、李順起義，還是宋江、方臘起義，他們既不像陳勝、吳廣起義是由於秦朝苛酷的刑罰揭竿而起，也不像東漢末年百萬饑民即將餓死才聚眾暴動。在水泊梁山的各路「英雄好漢」中，宋江是因為誤殺閻婆惜遭受人命官司，要不然他是決不肯落草為寇的；盧俊義是因為吳用設計、李固陷害使然，要不然他是不會離開自己的安樂窩的；晁蓋、吳用是因為劫了朝廷的「生辰綱」犯下死罪；林沖是由於受了高俅的迫害才被逼上梁山；武松更不用說是因為嫂嫂潘金蓮的原因，殺西門慶，犯下命案不得已而為之；李逵則純粹是為了大碗喝酒、大塊吃肉，喜歡這種無拘無束的生活方式；其他的好漢入夥，均不是由於經濟破產、生活窘困才上梁山的，有的是對奸臣弄權的痛恨，有的是被俘後的無可奈何，有的是被騙來的，有的是因個人恩怨殺人而逃命的，還有的本身就是殺人不眨眼的強盜，如開黑店賣人肉包子的「菜園子」張青和「母夜叉」孫二娘夫婦。這些人聚在一起，動機各異，虛空的哥兒們義氣架不住實實在在的物質利益誘惑，待在水泊梁山每天提心吊膽的日子，使好多人非常留戀以前康樂安穩的生活，他們痛恨的是某個人或社會的某些陰暗面，但對民富國貧的大宋朝廷打心裡還是認可的。因此，接受招安有很廣泛的群眾基礎，宋江的心理只不過代表了大部分人的心理罷了。最後，宋江獨攬了「投降派」的歷史罵名。

為什麼這批亡命之徒不能與當時的朝廷斷然決絕呢？按照馬克思的理論，只有經濟才會有這樣神奇的吸引力，這種力量悄無聲息但卻能攝人魂魄，無堅不摧。經濟與人的生活習習相關。過優越生活的人恥於敗壞自己的名節，更何況是做賊呢！

宋朝的司馬光是國家的肱股大臣，有人進了政府要來拜訪他，他總愛問一個使人很難堪的問題，你家有沒有錢？被問的人都很奇怪，想司馬光這麼了不起的國家大臣，他對我的關懷，怎麼是問我有沒有錢這樣的小問題？後來打聽才知道，按司馬光的標準，你這個人沒有錢，就不能維持你的生活，就不能不為五斗米折腰，你有錢之後，你才具有獨立的人格，這個官隨時可以不做，為了自己的原則可以不做，為什麼呢？因為我不會被餓死，我有錢可以保護我的自由。由此看古語說「衣食足而知榮辱，倉廩實而知禮節」也不是沒有一絲道理。作為一個人，我們說他有生存的權利，如果自個兒足夠勤奮，但還是衣不裹腹，這不能說不是社會的責任。如果到了要餓死的份上，他去偷、去搶，恐怕我們也不能完全歸罪於他。既然水泊梁山的好漢不是因為要餓死才造反，一旦他們的仇怨所在得以疏通，作為一個大宋良民經濟上的誘惑就要起作用了，最後也就跟著宋江接受了招安。

不管哪個社會，落草為寇都是迫不得已而為之的事情，有誰天生就是一個賊胚子。現實生活中，不論人們怎樣美化一些善舉、一些大義，一個即將餓死的人有權用任何手段獲得當下的食物維持生命。宋朝的士人雖然在程朱理學的薰陶之下，十分看重義理，可對於那些不通文墨的普通老百姓就另當別論了。決定是否進行殊死鬥爭的，並不是高深的道義，而是活生生的現實生活，一旦有機會重新步入正常社會，他們是不會把自己的前途押在一場不可預見結果的「革命」中的。一旦自己的冤情得以伸張，自己的罪孽能被寬恕，他們還是很願意回到以往不需提心吊膽的日子的。這種不徹底性根源於他們的經濟基礎，根源於他們的生活狀況。宋江上梁山以前的小日子過得很滋潤，因此才有餘力仗義疏財，收買人心。雖然宋江在梁山上也衣食無憂，但根據當時的現實，依靠自己這點微不足道的力量，他是很難推翻大宋朝廷的，而且他也不想時刻背負著「亂臣賊子」的精神十字架。

馬克思說過經濟基礎決定上層建築。當下層實在無法生活、瀕臨絕望時才會反抗，他們很少提出「自由、民主、平等、人權」之類的口號，從陳勝、吳廣的「苟富貴，毋相忘」到黃巢的「均平」大將軍到鐘相、楊么提出的「均貧富，等貴賤」，以及後世洪秀全提出的「無處不均勻，無人不溫飽」，核心都是圍繞經濟上的平等問題。

事實上，宋朝在中國歷史上是一個非常特殊的朝代，它的各種成就在中國歷史上都達到了當時令世界嘆為觀止的高度──政治、經濟、文化、科技（軍事除外），經濟上尤其如此。也因為宋朝的經濟如此發達，中國的人口才在有史以來第一次達到上億人次。某種程度上講，商品經濟的繁榮也是社會進步的標誌。人類開始關注自己的現世生活品質，開始追求自己的幸福指數，背後是由物質生產的進步引發的一系列社會心理的嬗變。因此，可以理解宋江他們的行動並不是為生存而戰，而是為了生存以外的東西，如地位、名譽、個人恩怨、國家興衰，甚至是圖個痛快！

宋朝叫人咋舌的經濟成就潛移默化地影響著每一個生活在那個時代的人，宋江不會例外，他的弟兄們也不會例外。作為敏感的知識分子，宋江的心理會更複雜些。

在這場起義中，很少有人是由於經濟上瀕臨絕境的，所以他們在骨子裡缺乏徹底反抗的勇氣和決心，他們仍然懷念過去的生活，認為一切的悲慘處境都是貪官污吏造成的，皇帝還算是好主子。就內部的矛盾激烈程度而言，宋王朝當時氣數還未盡，只有在外力的猛烈打擊下才會崩潰，其實北宋政權最後也不算滅亡，只是統治中心由北方轉到了南方，天下仍然是趙氏家族的天下，臨安政權又維持了一百多年才宣告結束。南渡之後，宋朝軍民同仇敵愾共同抗金。農民們為什麼不乘勢推翻腐朽的宋王朝呢？因為從內心深處大家對北宋政權統治還是認可的。那麼，宋江又怎能脫離這種社會大氣候呢？

這樣看來，宋江接受招安的悲劇色彩似乎也就不是那樣濃重了。

跟宋江學習領導力

儘管「替天行道」的旗號使梁山的行為具有了一定的合法性，但宋江內心十分明白，這終究只是梁山英雄們的自我解嘲，百姓還未認可，更何況是朝廷。要真正解決梁山發展的後顧之憂，還得回到體制內。況且，梁山上的很多將領本來就是與朝廷作戰被俘，不得已棲身於此的。所以宋江自從上梁山的那一刻起，就開始琢磨如何帶梁山兄弟進入朝廷的體制內。後來他與朝廷作戰，是為增加談判的籌碼；把盧俊義誆上梁山，是為了改變梁山的階級成分，為了他漸進式的改革佈局，盧俊義最終成為他招安路線上的一顆有用棋子。

「孔師孟祖述忠義，自列丹青從古今。」縱觀整部《水滸傳》，我們不難看出，宋江的核心價值觀是「忠」和「義」，宋江的性格，就是在「忠」和「義」的相互矛盾中曲折發展的。「義」使他結交江湖，濟困扶危，樂善好施；「忠」則使他認為造反是大逆不道，雖然在情況無奈下上了梁山，但他身在水泊梁山，卻心繫朝廷高堂，念念不忘「改邪歸正」，效忠朝廷。

宋江畢生目標就是在不違背忠義道德觀念的前提下，使梁山能夠生存和發展下去，為梁山尋找好的歸宿。要做到忠君、替天行道，說到底就是他一心想擺脫梁山草寇的身分，報效朝廷，實現所謂的人生最高價值。

正是基於這樣的思想，宋江力排眾議，選擇了招安這條路。雖然他最終把梁山帶到了萬劫不復的境地，但我們依然可以看出宋江作為團隊領導的高瞻遠矚和良苦用心。

實事求是地說，宋江的領導力確實出眾，是企業家學習的榜樣。

一、宋江的「六P」特質——一個合格的領導者

究竟具有什麼特質才能成爲一名合格的領導者呢？一名合格的領導者至少要具備六個方面的基本特質，在西方，這六個描述基本特質的英文單詞都是以P開頭，所以我們把它們稱爲「領導的六P特質」。

領導遠見（Purpose）

領導者必須對未來有明確的發展方向，他們應該向下屬展示自己的夢想，並鼓勵下屬朝夢想前進。一旦下屬需要，領導者隨時都會在身邊，就像彼得・德魯克所說：「優秀的經營管理和平凡的經營管理有一個不同，那就是優秀的經營管理能夠取得長期和短期的平衡。」在制定領導遠見的時候，必須要有領導者的目標來進行配合。優秀的領導者應該是一個方向的制定者。

水泊梁山和其他山寨一樣，是由社會邊緣人物組成的集團。宋江上梁山後，就對梁山開展整風改組。他改聚義廳為忠義堂，樹立「替天行道」的理念，表白忠於朝廷的家國大義。在「替天行道」的旗幟下，宋江將梁山由打家劫舍的土匪改造成忠於朝廷的武裝。宋江敏銳地意識到，梁山上具有核心戰鬥力的將軍都是原朝廷降將，這些人未必真心肯為梁山賣命，重新回到主流社會、在朝廷的懷抱中混吃等老，才是他們的終極追求；外圍的核心力量如魯智深、楊志等，都只是低級軍官；其他大多數人來自良民，鐵了心造反者不多。宋江的招安理念很容易把大家安慰住，行動就有了合法性。「替天行道」的大旗一舉，天下皆嘆。這四個字妙不可言：於百姓，作出一副劫富濟貧的姿態；於政府，留有供奉天子的餘地；於英雄，找到了打家劫舍的理論依據。這真可謂正氣凜然，八面玲瓏。

將梁山行為塑成合法行為，這是宋江最成功的一件事。團隊目的神聖化使得梁山迅速成為江湖翹楚，實現了本質的跨越。在「替天行道」大旗的激勵下，各路英雄好漢紛紛擁來，他們彷彿在一夜之間找到了自己的人生價值，為了這個理想，寧願薪水少點也要跟著宋江幹。

「替天行道」就是宋江當時樹立的核心價值觀。最重要的是宋江有清醒的政治頭腦，能適時提出符合梁山兄弟們利益與願望的主張。在眾英雄座次排定後，宋江「焚一爐香，鳴鼓集眾」，誓曰：「自今以後，若是各人在心不仁，削絕大義，萬望天地行誅，神人共戮，萬世不得人身，億載永沉末劫。但願共存忠義之心，同著功勳於國。」以此來統一思想，指明梁山的未來出路。

梁山泊中人，包括王倫和晁蓋在內，都沒有對梁山的前途問題做出明確回答，好漢們無法清楚地把握自己的命運。大多數上梁山的人，雖情況各異，但「權居水泊，暫時避難」卻是他們的共同心理，他們既不打算終生落草，也無「殺上金鑾殿，奪了鳥位」的氣魄。這樣審時度勢為兄弟們尋找一個「體面」的歸宿，符合大多數人的要求。在梁山形勢基本穩定之後，宋江提出這一主張，正是他胸有大局的表現。

熱情（Passion）

領導者必須對自己所從事的工作和事業擁有特別的熱忱。同時，好的領導者不僅自己對未來充滿信心，還要能激發下屬的工作熱情。一個不能夠激發下屬工作熱情的人，或者說不會激勵下屬的人，是沒有資格做領導者的。領導熱情既沒有替代物，也很難量化，但它是企業完成目標和任務的一種催化劑。

武松、李逵諸位，都是人見人怕的硬漢，偏偏被「及時雨」的五兩銀、三斤酒逐一軟化；那盧俊義、柴進與花榮，更是出身豪門的大戶人家，偏偏被宋江死纏爛打，最終被拉入夥。梁山的核心管理幹部，到後來居然脫離了農民階級的屬性，前二十名無一白丁，基本上都出自精英階層。一百零八個將領，個個是好漢，稟性各異，趣味不同，能夠湊在一起搭台唱戲實屬不易。毫無疑問，宋江就是憑著超凡的熱情充當了一百零八將的「黏合劑」和「潤滑劑」，更是梁山不可替代的「超級晶片」。

自我定位（Place）

領導者應該特別清楚自己扮演的角色以及這個角色所應承擔的責任。這些角色包括上司、下屬、同事，還包括一個角色，那就是千萬不要忘記自己。他應該知道如何讓自己進步，怎麼樣給自己加壓，怎麼樣去學習新東西。

宋江廣收天下英雄，積累了豐厚的人脈關係，最後因為潯陽江頭題寫反詩，在法場上被眾兄弟劫後，終於下定決心上梁山，此時上梁山正是恰到火候。假如殺了閻婆惜就上梁山，他無非是像林沖那樣避禍上山，雖然有大恩於晁蓋，但終不免寄人籬下的境遇。

等到白龍廟小聚義時，宋江搜羅的人馬已經超過晁蓋舊部，此時上山不再是投奔，而是兩支部隊的會師。宋江被晁蓋等人救出後，對晁蓋表白：「小弟來江湖上走了這幾遭，雖是受了些驚恐，卻也結識得許多好漢。今日同哥哥上山去，這回只得死心塌地，與哥哥同死共生。」宋江首先挑明自己的功勞，並非空手上山，而是有功於梁山；其次撕掉當初滿口忠孝，不反官府、不違父命、不落草為寇的面紗，表明鐵了心從寇的決心。

如果梁山事業如火如荼，宋江再晚些上梁山，就有投機的嫌疑，而且無尺寸之功，甭說想代替晁天王，即使想坐第二把交椅，恐怕眾人都不會服氣。

優先順序（Priority）

優秀領導者的一個特點就是能夠明確地判斷處理事務的優先順序。領導者要想提高領導績效，就必須懂得有所取捨，在有限的時間和資源範圍之內，決定到底先做什麼，這就是優先順序的思維方式。領導者應當能決定自己需要什麼，而且能決定應當放棄什麼，這兩個決定具有相同的重要性。也許決定放棄什麼比決定要做什麼更難，但是領導者需要這種勇氣和智慧。

在梁山發展過程中，宋江進行了兩次具有重要意義的戰略調整，確保了梁山事業的迅猛發展。梁山在王倫和晁蓋主政期間，與其他山寨一樣，專門打劫過路的商賈富客。時間一長，商人紛紛繞道，導致財源枯竭。此時，擔任梁山二把手的宋江及時改變經營戰略，實現了由坐商到行商的轉變。他們組織優勢兵力主動出擊，攻打富賈之地，比如三打祝家莊，就是一場以營救時遷為名，以「籌措三五年糧草」為實的戰役。

第二個重要的戰略轉變是在宋江主政之後。這時的梁山已達到相當規模，宋江不但不打劫路過的商團，反而主動為他們提供保護，當然前提是要繳一定的保護費。這樣一來，被打劫打到冷清的商道重新繁忙起來，梁山好漢從無牌收費站變成了師出有名，梁山儼然成為維護社會秩序的管理者。

由此看來，宋江的經營能力是一流的，他能夠審時度勢，勇為人先，走出的道路顯然是由小到大的發展軌跡。在我們今人看來，宋江這一舉動確實讓我們佩服，這說明宋江很有戰略眼光，能夠靈活應對市場的變化，在賺錢的同時籠絡人心。

人才經營（People）

領導者應該相信，無論是上司、同事還是下屬，都是企業可以依賴的資源，都是企業的績效夥伴。但是，人員也可能成爲企業的負擔。領導者需要識別人才、善用人才，並發揮他們的才幹。

宋江極會用人，能把合適的人配備到合適的崗位上。宋江走上造反道路的最後一站就是江州，在江州結識的戴宗和李逵成為他最得力的私黨，二人在宋江的職業生涯中佔據了絕對重要的位置。神行太保戴宗的角色就是宋江的資訊傳遞中樞，暗中又是一個監察人員，相當於廠衛之於朱元璋，為其心腹耳目。別看李逵經常因為大吵大嚷被宋江責罰，其實這都是宋江的計謀，他需要一個人在前面喳喳呼呼，堵住不滿者的口舌，李逵是最好的武器。即使李逵的言論刺傷了梁山好漢的心，宋江也可以用李逵是個大老粗、無須計較的藉口來打發。李逵時刻散播唯宋江獨尊的思想，最經典的一段話就是：「現在大宋的國號叫宋，俺哥哥也姓宋，別說梁山了，就是做了大宋的皇帝，又待怎的！」無形中搞成個人崇拜。時遷原來屬於偷雞摸狗之流，後來被宋江改造，成為重要的一份子。

在排座次上，宋江費盡心機，合理安排，也基本滿足大家的期望。

領導權力（Power）

自古以來，領導和權力是密切相關的。領導能力包含著領導風格的因素，也包含著權力的因素。權力的關鍵是依賴性，你對誰有很強的依賴性，反過來他對你就有很大的權力。權力須與領導者個人的魅力結合起來。

上述的六個特質是成爲一個合格的領導者必不可少的。僅僅是說「合格」，而不是「優秀」或者「卓越」。請記住：真正的領導者不是天生的，是奮鬥出來的，而且通常是自己奮鬥出來的。

宋江的領導力顯然比晁蓋強，他能把一幫烏合之眾組織成很強的戰鬥集體，這一點絕對是身為領袖不可或缺的能力。宋江有明確的發展方向，能形成自己的軍事鬥爭理論以指導戰鬥、武裝大腦，這樣梁山才可能不斷發展壯大，直到和朝廷分庭抗禮。

梁山內部隱藏有不安定的因素，尤其在造反決心上更不是一條心。宋江卻善於主抓團隊的建設，通過高超的領導藝術使這個團隊具有向心力和凝聚力，而自己正是團隊的核心。宋江不愧是一個好領導。

二、管理者向領導者的轉變——一個認真思考梁山前途的人

宋江是第一個認真思考梁山前途的人。宋江和晁蓋不一樣，晁蓋目光短淺，不考慮梁山的長遠發展問題，而宋江除了考慮梁山眼前的發展問題外，更考慮梁山的長遠發展問題。梁山終究只是彈丸之地，不宜久留，兄弟們將來前途怎樣，梁山未來何去何從，都屬於宋江苦苦思考的問題。

事實上，宋江已經完成了一個管理者向領導者的轉變。

轉變一：從「事實」和「資料」管理向「情感」管理

美國國際電話電信公司的海洛德．吉尼恩就是資料處理者的最好例子。他和他的高管團隊投入大量的時間收集大量的資料，並進行非常嚴謹的分析。然而，儘管擁有資料的所有分析，他仍然無法阻止公司走下坡路，因為當時公司需要的是一個清晰的長期戰略和一個牢固的核心價值觀。

許多管理者掉入一種理念的圈套，認爲好結果的關鍵是如實又不帶情感地分析，情感不應該帶到決策中來。不幸的是，大家是人，情感不可避免地存在。

印度第二大摩托車製造商巴賈吉汽車公司的CEO桑吉夫·巴賈吉在設立公司所必需的一個自動退休方案時非常痛苦。當一個工人問他，為什麼自己在公司工作了三十年卻會被解雇、是否他的工作效率不佳、他將怎樣告訴自己的家庭等這些問題時，巴賈吉發現回答這些問題非常困難。

管理培訓是不會為處理這種情況提供準備的，這樣，他的方案才會得到更好的開展。巴賈吉應該對工人的質疑給出一個合理的、能夠得到理解的解釋。

管理和經營責任、忠誠、道德觀等情感非常困難，這些情感處理起來特別脆弱，然而使公司的基本特徵保持完好無損也包括有效管理這些情感。特別是強權的管理者在管理情感方面往往分析能力較差，他們認爲「不可預知的」和「不合理的」人是不順眼的。他們在工作上投入的時間越多，碰到的困難也會越大，不幸的是，他們認爲這是領導力所必須經歷的過程。

轉變二：從一個「情感管理者」到「情感觸動者」

要成爲一位領導者，管理現有的情感是不夠的，引發合適的情感才是不可或缺的。引發這些情感並不需要經過一個邏輯的過程，事實上，幾乎是和邏輯相反的。例如，許諾在項目結束時給予巨額獎金，就可以產生強烈的情感。正如羅斯福所說的，政治家不是規劃現實的情節，而是創造希望和夢想。

管理者的工作是在一個爲了報酬或爲避免處罰的激勵系統下進行的，而領導者是在激發熱情的基礎上工作的，這種情況下人們樂於奉獻不是因爲有利可圖，而是因爲值得這麼做。

這兩種方法，表面是邏輯和情感的比較，但卻有根本的不同，這也是有抱負的領導者需要一個跳躍深淵式轉變的原因。這兩種方法的差異可以用「利益和熱情」來形容。當受有形獎賞的鼓勵時，人們是在利益的驅使下工作，沒有熱情可言。而領導者是在熱情的驅使下工作，不是憑藉對環境的現實理解，也不是這樣做對其個人意味著什麼的準確計算。領導者首先需要能夠由目標驅使迅速進入狀態，然後必須有能力推動其他人投入到目標中。這也是爲什麼多數時候領導者容易失敗，就是因爲他們不僅無法感染他們自己，也不能驅動其他人的熱情。

領導者怎樣才能成功地調動其他人呢？首先，他們必須找到一個能激發他人的目標因素，激發並忠於這個因素，而且領導者要通過創造神話、象徵甚至幻想的方式感染人來呈現這個因素。其次，領導者必須精確估計追隨者對他們的舉措會有什麼樣的反應，這樣他們才不會因邏輯上的不一致而慚愧。

轉變三：從一個標準的跟隨者到標準的制定者

有這麼一種說法：不能夠服從命令的人也不能夠命令他人。在軍隊裡這可能是對的，但對一個領導者而言卻是錯誤的。領導者有能力看到一個新的願景、一個新的機會、一個被大家所追隨的理想，這包括了對現狀的創造性破壞。從這個意義上說，領導者不是秩序的卓越遵守者，而是一個傳統標準的破壞者。

這對一個渴望成爲領導者的管理者有著非常重要的意義，特別對那些已經被訓練遵守規則、不願去打破平衡的管理者尤其如此。管理者認爲，與那些在思考和行爲方面更有秩序的人打交道是更舒服的。但是，一個有潛力的領導者對現狀會產生一定程度的不安，並提出一種設想，他必須決定應該怎樣以及什麼時候表達自己的不安及設想，這些不安和設想可能會給組織和個人的生活、職業帶來混亂。而大多數管理者都是在危急時刻才會改變對策，而不是在幻想和靈感的刺激下主動做出改變。

轉變四：從一個現實主義者到一個夢想者

在組織內，一直以來管理者都被教育應該是一個現實主義者、一個「實踐」者，同時也被告知不需要「夢想」那些荒誕的想法和念頭，而是要對所做的工作將會起到什麼樣的現實作用做一個實際的檢驗。一段時期以來，管理者從一個「現實」的角度看問題，而且開始習慣性地摒棄新的思路，指責提出創造性思維的人。

領導者可以不必然是現實主義者或很「實際的」人，而是不斷夢想奇妙願景的夢想家，沒有持續的夢想，思維就會淤塞。然而，夢想卻不是管理者訓練過程的一部分。做夢的人會被貼上遊手好閒或是白日做夢的標籤，被認爲不適合賦予較高的職責，但往往是那些善於夢想的人才能帶來重要變化。當然，只有夢想而沒有行動跟隨是沒有用的，而沒有夢想的行動則是盲目的、空洞的，有可能激發了很多熱情但卻只完成了一點點。

轉變五：從一個完美主義者變成妥協者

管理教育假定從一開始管理者的職責就是最優化利潤、收益、股東價值等經濟參數。在上面提到的三個參數中，可能出現的兩難是，實現了利潤的最大化卻無法使股東價值最大化。舉例來說，如果一個產品（如某種藥物）經過長時間的高成本研發後，最後發現這種藥物可能有副作用，這時公司是停止推出產品，乾脆否認；或者繼續投入資金去試驗、研究；還是退出產品線？這就是短期利益和長期利益的衝突所在。美國的主要煙草公司的股東的長期利益都與堅持反吸煙運動相悖，今天，他們之中的許多已經被迫在法律訴訟中支付了很大一筆金錢，這些企業早期的行動不也是爲了他們的股東嗎？

這裡並不是怎樣去選擇對錯的問題，正如巴達洛克所說的，在正確與正確、錯誤與錯誤之間不可能有最佳的方案，只能是一個折中的妥協。而那些接受了傳統管理教育的人，可能很難接受問題沒有正確答案的現實。的確，最終還是要做出選擇，結果也必須去面對。所不同的是，領導者必須持續把握這些困難的選擇，並且找到自己和他人都能夠接受的答案。

這裡涉及長期和短期的選擇問題，涉及同事之間關係、企業與團隊、個人與家庭成員等問題，他們必須判斷他們的行動對自己、對他人、對現在和對以後的影響。對一個進入領導角色的人來說，把握好這種權衡的尺度非常困難。領導者要表現出自己的勇氣，因爲他們肩負著非常沉重的責任。

◆延伸閱讀◆

《水滸傳》人物分析——吳用謀略成功奧秘

《水滸傳》中的軍師智多星吳用，乃好漢中一流的足智多謀人物。書中也這樣形容：「謀略敢欺諸葛亮……略施小計鬼神驚，吳用名稱吳學究，人號智多星。」《水滸傳》中對吳用形象的描繪，不但寫了他的足智多謀，而且還解讀了他的智謀成功的奧秘。

一、利用調查研究情況施用謀略。

深入實地調查研究，事事做到知己知彼，是吳用智謀來源的一個重要方面。《水滸傳》中史進、魯智深陷於華州，宋江「眉頭不展、面帶憂容」，其餘人無計可施，吳用提出乘「夜月」去城邊看那城池瞭解情況，回來再商議謀略，他還「且差十數個精細小嘍囉下山去遠近探聽消息」。吳用開展調查研究後，得知宿太尉「將領御賜金鈴吊掛來西嶽降香」的消息，使智取金鈴吊掛、救出史進和魯智深能夠順利成功。

另外，廣泛聽取下屬建議，擇優採納計策，是吳用謀略來源的主要依據。如三打祝家莊時，打入敵人內部、裡應外合的計策，是下屬孫立的建議，當時吳用聽到這一建議覺得切實可行，便將此作為攻打祝家莊的計策，並進一步完善切斷扈家莊、李家莊與祝家莊的聯繫等一系列補充智謀，使攻不可破的祝家莊毀在旦夕。《水滸傳》中對吳用深入實地調查研究這種既有大智、又有智源的寫法，真實可信。

二、利用天時、地利、人和計畫謀略。

根據具體情況，利用天時、地利、人和計畫謀略，是吳用施展智謀的一個重要特點。《水滸傳》中梁山好漢攻打青州時，因有呼延灼作為青州主力，一時很難拿下，呼延灼上梁山之前為汝寧郡都統制，武藝高強，殺法驍勇，有萬夫不敵之勇，使一雙銅鞭，騎一匹踢雪烏騅馬，交鋒三五次，各無輸贏。吳用聽此情況後，提出「先用力敵、後用智擒」。隨即利用呼延灼的驕傲心理，用計假敗騙出呼延灼追趕梁山兵，等到達伏擊圈內，呼延灼方知上當被生擒。被擒的呼延灼在宋江的指點下歸順了梁山，並願意協助宋江。之後，在吳用的安排下，呼延灼帶梁山人馬假扮敗兵歸城，與梁山裡應外合順利地攻下了青州城。

《水滸傳》中擒索超、捉張青等，都是吳用利用天時、地利、人和謀略來智取的。對梁山好漢中足智多謀的吳用來說，制訂戰略、謀劃計策，必須得利用天時、地利、人和的情況，才能順利實施，進而達到預期的目的。

《水滸傳》中濃墨重彩地描繪吳用智多謀廣的同時，也細緻地刻畫了他知人善任的個性特徵，如請出聖手書生蕭讓、安排時遷盜甲、派戴宗尋找公孫勝等，無不體現了這一個性特徵。

三、利用機智、謹慎、果斷施展謀略。

機智而謹慎，果斷而穩重，是吳用性格的主導方面，也是他的計謀得以成功的重要因素。《水滸傳》智取生辰綱吳用獻計中，首先講的是必須得到三阮弟兄方可成事，按說三阮與吳用的關係本來是密切的，不必隱隱藏藏，但吳用深知生辰綱的智取是大事情，即使是三阮這樣的熟人，也不宜直來直去，防止輕易走漏消息。因此，明明是去說服三阮，開始卻說要「十數尾重十四五斤的金色鯉魚」，故意引出三阮對智取生辰綱的看法。而當三阮說出吳用所想要聽到的意思時，又怕他們不堅定，故意拿話激將他們，進一步引三阮吐露是否真心願意一同奪取生辰綱。雖然時機如此成熟，吳用還是以「打聽得」為名，並先托出了小有名望的晁蓋。三阮聽說晁蓋才異口同聲願意同往，吳用趁熱打鐵，說明來意。《水滸傳》中不厭其煩地將這個情節掰開揉碎、細細寫來，正是為了充分地表現吳用如何利用機智、謹慎、果斷施展謀略。

《水滸傳》中刻畫吳用足智多謀，描繪是客觀的、公正的，真實而實在的描寫，不但增強了人物的現實性，也從另一個方面反映了吳用是梁山好漢中過人的智謀。

透視《水滸傳》打造黃金TEAM

作　　者：馬洪濤
發 行 人：陳曉林
出 版 所：風雲時代出版股份有限公司
地　　址：105台北市民生東路五段178號7樓之3
風雲書網：http://www.eastbooks.com.tw
官方部落格：http://eastbooks.pixnet.net/blog
信　　箱：h7560949@ms15.hinet.net
郵撥帳號：12043291
服務專線：(02)27560949
傳真專線：(02)27653799
執行主編：朱墨菲
美術編輯：吳宗潔
法律顧問：永然法律事務所　李永然律師
　　　　　北辰著作權事務所　蕭雄淋律師
版權授權：南京快樂文化傳播有限公司

初版日期：2014年6月
I S B N：978-986-352-038-2

總 經 銷：成信文化事業股份有限公司
地　　址：新北市新店區中正路四維巷二弄2號4樓
電　　話：(02)2219-2080
行政院新聞局局版台業字第3595號 營利事業統一編號22759935

國 家 圖 書 館 出 版 品 預 行 編 目 資 料

透視《水滸傳》打造黃金TEAM／
馬洪濤 作.-- 初版. 臺北市：
風雲時代，2014.05 -- 冊；公分

ISBN 978-986-352-038-2（平裝）

1. 水滸傳 2. 研究考訂 3. 企業領導 4. 企業管理

494.2　　　　103005465

定價：350元
優惠價：280元